Jens-Uwe Meyer

radikale innovation

das handbuch für marktrevolutionäre

Jens-Uwe Meyer
radikale innovation
das handbuch für marktrevolutionäre
1. Auflage 2012
© BusinessVillage GmbH, Göttingen

Bestellnummern
ISBN 978-3-86980-134-6 (Druckausgabe)
ISBN 978-3-86980-135-3 (E-Book, PDF)

Direktbezug unter www.businessvillage.de/bl/867

Bezugs- und Verlagsanschrift
BusinessVillage GmbH
Reinhäuser Landstraße 22
37083 Göttingen
Telefon: +49 (0)551 2099-100
Fax: +49 (0)551 2099-105
E-Mail: info@businessvillage.de
Web: www.businessvillage.de

Layout und Satz
Sabine Kempke

Coverbild
fotolia.de © TheSupe

Abbildungen im Innenteil
Grafiken: Paul Schweidler
Zeichnungen: Sebastian Schröder

Bildnachweise und sonstige Illustrationen siehe Seite 254

Redaktionelle Mitarbeit
Michaela Schneider

Druck und Bindung
AALEXX Buchproduktion GmbH, Großburgwedel

Inhalt

Teil 2: Innovation Greenhouses – Eine Methodik zur systematischen Entwicklung radikaler Innovationen

Managementkonzepte für das Wachstum der Zukunft

Innovation hat Karriere gemacht. Kaum ein Kongress, kaum eine Vorstandsrede, kaum eine politische Diskussion über die wirtschaftliche Zukunft kommt ohne dieses Wort aus. Warum? Ist es ein Modewort? Ein Managementhype, der in den nächsten Jahren wieder abflachen wird? Ein geschickter Ansatz der Beratungsbranche, um Unternehmen neue Tools zu verkaufen? Mitnichten. Innovation hat Karriere gemacht, weil sie langfristig die einzige Chance auf Wachstum bedeutet. In den vergangenen Jahrzehnten wurde ein Großteil der Unternehmen so sehr auf Effizienz getrimmt, dass kaum noch Luft für signifikante Kostensenkungen vorhanden ist. Klassische Wachstumsstrategien sind ausgeschöpft, die Märkte übersättigt. Wo soll das Wachstum herkommen?

»Die Grenzen des Wachstums werden allein durch die Phantasie gesteckt.«

[Günter Wille, ehemaliger Vorstandsvorsitzender der Axel Springer AG]

Innovation ist keine leere Worthülse. Kein Modebegriff, der kommt und wieder geht. Neue Angebote zu entwickeln und neue Märkte zu schaffen, ist für die Mehrheit aller Unternehmen der einzige Weg, langfristig zu wachsen. Entsprechend ist Innovation Chefsache geworden. Es sind nicht mehr einzelne Teams, die sich mit dem Thema beschäftigen – vielmehr machen Vorstände Innovation zum wichtigsten Thema ihrer Führungskräftekonferenzen. Neue Geschäftsmodelle werden nicht mehr wie früher von Projektleitern betreut, sondern von Mitgliedern der Geschäftsführung. Zugleich findet in zahlreichen Branchen zurzeit ein Paradigmenwechsel statt. Waren die Innovationszyklen früher lang, planbar und teilweise sogar vorhersehbar, so bietet sich heute vielfach ein radikal anderes Bild. Egal ob Automobil-, Energie- oder Chemiebranche, Elektro- oder Konsumgüterindustrie, Maschinen- oder Anlagenbau – in allen Branchen registriert das Top-Management ein wachsendes Innovationstempo. Neue Mitbewerber drängen in den Markt – teils aus ganz anderen Branchen. Neue Technologien machen neue Problemlösungen möglich. Klassische Ansätze des Innovationsmanagements sind in einem von »High Speed« geprägten Umfeld viel zu langsam, um mit den Veränderungen Schritt zu halten.

Hohe Investitionen in Innovation. Doch wo bleibt der große Wurf?

Viele Unternehmen denken zur Zeit radikal um. Sie erfinden sich neu. In den vergangenen Jahren hat das Management Hunderte Millionen Euro in hoch entwickelte technologische Forschungszentren investiert, Tausende von Mitarbeitern eingestellt und aufwendige Prozesse installiert, um Innovation voranzutreiben. Doch das Ergebnis ist zu 80 Prozent enttäuschend. Zwar werden neue Technologien auf den Markt gebracht und die Produkte immer besser – doch der große Wurf bleibt aus. Trotz der vielen Initiativen und aufwendigen Prozesse, trotz der hohen Investments ist die Mehrheit der Unternehmen mit den Ergebnissen unzufrieden. Fazit des Technologievorstands eines Automobil-Konzerns: »Was immer wir tun, wir erhalten neue Varianten des Bestehenden.« Ein Geschäftsführer eines internationalen Baukonzerns: »Wir sind gut in Innovation. Solange wir von vornherein wissen, was am Ende dabei herauskommt.« Es fehlen wirklich innovative Ideen, mit denen die Unternehmen Märkte umgestalten oder sogar ganz neue Märkte entwickeln können: radikale Innovationen, nicht nur eine Verbesserung des Bestehenden. Visionen, mit welchen Angeboten das Unternehmen in fünf bis zehn Jahren punkten soll. Und das in einer Situation, in der das einzig Beständige die Unbeständigkeit ist.

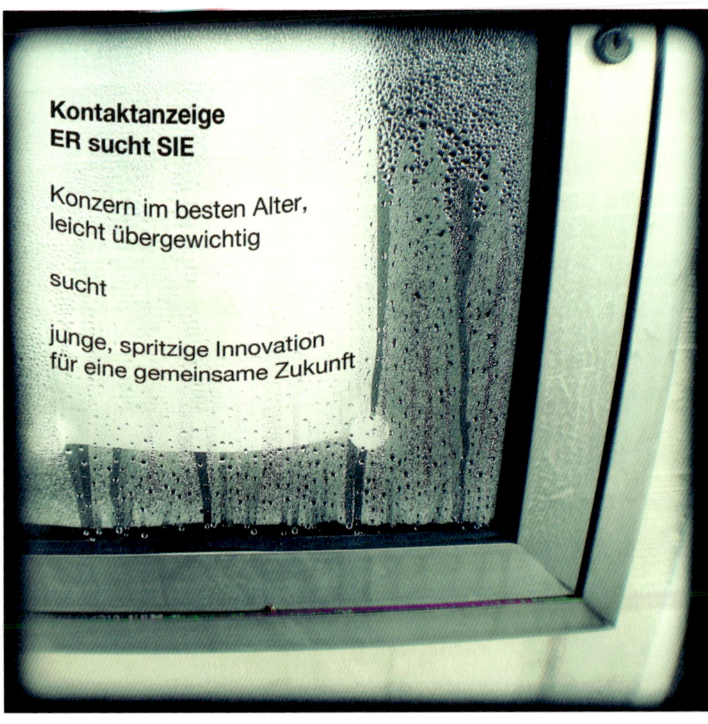

Entsprechend arbeiten zahlreiche (Groß-)Unternehmen unter Hochdruck daran, verkrustete Strukturen zu sprengen. So plant zum Beispiel die Telekom eine School of Transformation – einen Thinktank, der dem Unternehmen mithilfe kreativer Methoden einen Innovationsschub verleihen soll. Auch die Tourismusindustrie beschreitet ganz neue Wege. »Die klassischen Methoden der Strategieentwicklung bringen uns immer wieder mehr vom Gleichen«, sagt auch Andreas Kurth, Head of New Business beim Reiseveranstalter TUI. »Die Kosten senken, die Prozesse weiter optimieren, ab und zu mal eine kleine Veränderung. Es entsteht aber nichts wirklich Neues.« Also beschloss TUI, stärker auf die eigene Kompetenz zu vertrauen. Das Unternehmen holte dreißig Manager für drei Monate ins Hamburger Schanzenviertel und ließ sie dort an neuen Geschäftsmodellen arbeiten. Das Ergebnis: radikal neue Ideen, die sukzessive umgesetzt werden und die der TUI in den nächsten Jahren Wachstum bringen sollen.

Neues Wachstum braucht neue Methoden

Müssen Sie die Pfade verlassen, die Sie jahrelang erfolgreich gegangen sind? Nein. Doch um zu wachsen, müssen Sie neue Pfade entdecken. Und weil es diese Pfade häufig noch nicht gibt, müssen Sie wie Pioniere agieren und Pfade in den dichten Dschungel neuer Märkte schlagen. Klassische Innovationsansätze sehen das nicht vor. Innovationsmodelle wie der »Stage Gate Prozess« sind veraltet. Sie stammen häufig aus den 90er-Jahren, als die Märkte viel stabiler waren, und sind sehr gut dafür geeignet, das Bestehende durch neue Ideen zu verbessern oder leicht zu verändern. Gelegentlich schafft es eine große Innovation durch diese Prozesse. Doch – das haben beispielsweise die US-Professoren Alan G. Robinson und Sam Stern in jahrelangen Studien belegt – in ihrer Tendenz begünstigt das klassische, prozessgetriebene Innovationsmanagement inkrementelle Innovation. Keine radikale.

Ein ähnliches Bild hat sich in unserer Studie »Erfolgsfaktor Innovationskultur – das Innovationsmanagement der Zukunft« abgezeichnet. 2011 interviewten wir knapp zweihundert Innovationsverantwortliche aus dreizehn Branchen. Das Ergebnis: Nur jedes fünfte Unternehmen treibt Innovation proaktiv voran. Die meisten Firmen reagieren nur auf das, was der Markt vorgibt. Oder sie verwalten Innovation: Formulare statt Leidenschaft.

»Most of what we call management consists of making it difficult for people to get their work done.«

[Peter Drucker, Management-Vordenker]

Warum ist das so? Die meisten Unternehmen betrachten Innovation nicht als dynamische, lebendige Entwicklung, die sich innerhalb eines Ökosystems abspielt. Das Gros der Unternehmen gleicht heute schwerfälligen Tankern: Sie sind langsam und behäbig. Sie sind in der Lage, mit bewährten Methoden das Bestehende zu verbessern. Doch sie sind in der überwiegenden Mehrheit nicht fähig, wirklich neue Wege zu gehen.

Brauchen Sie radikale Innovation?

Möglicherweise ist all das, was Sie in diesem Buch lesen werden, für Ihr Unternehmen irrelevant. Eventuell brauchen Sie keine radikale Innovation – vielleicht wäre sie für Ihr Unternehmen sogar schädlich. Stellen Sie sich vor: Sie entwickeln mit Eifer und großer Leidenschaft radikal neue Produkte und Dienstleistungen – währenddessen erobern Ihre Mitbewerber Marktanteile, die Sie auch hätten erobern können, wenn Sie einfach nur auf einen konsequenten Wachstumskurs für Ihre bestehenden Produkte gesetzt hätten. Nicht jedes Unternehmen ist gut damit beraten, sich auf radikale Innovation einzulassen. Beantworten Sie die folgenden drei Fragen – wenn Sie auch nur eine davon mit »Ja« beantworten, können Sie dieses Buch getrost zur Seite legen. Vielleicht erinnern Sie sich in einem Jahr noch einmal daran, weil sich die Umstände geändert haben, doch für den Moment brauchen Sie es nicht.

- **Frage 1:** Sind Sie mit Ihrem Wachstum zufrieden? Können Sie Ihre Wachstumsziele ohne große Veränderungen erreichen?
- **Frage 2:** Können Sie mit Ihren bewährten Produkten und Dienstleistungen nach wie vor großes Wachstum erzielen?
- **Frage 3:** Sind Ihre Märkte stabil? Wird Ihr Unternehmen in den nächsten zehn Jahren von Veränderungen unberührt bleiben?

Radikale Innovation ist ein Managementkonzept für die Zukunft. Keines für die Gegenwart. Mit radikalen Innovationen verändern Sie langfristig Märkte und schaffen neues Wachstum – Ihre nächsten Quartalszahlen werden dadurch nicht beeinflusst. Und wenn, dann nur negativ: Radikale Innovation ist zunächst einmal eine Investition. Keine, die sich morgen gleich auszahlt. Aber übermorgen.

Radikale Innovation vorantreiben – was heißt das?

»Wir müssen radikaler denken.« Diesen Ausspruch hören Sie derzeit häufig in den Führungsetagen großer Konzerne. Doch was heißt das? Was macht Innovation radikal? Sind es ausschließlich Durchbrüche wie die Dampfmaschine, das Automobil, das elektrische Licht, der Computer oder das Handy? Sind radikale Innovationen Angebote, die – wie Google und Amazon – eine Zeitenwende einleiteten, indem sie einen radikal neuen Kundennutzen geschaffen haben? Oder muss man den Begriff weiter fassen?

> *»Wachstum: Ein Prozess schöpferischerer Zerstörung.«*
>
> **[Joseph Alois Schumpeter, 1883 – 1950, österreichisch-amerikanischer Nationalökonom]**

»Radikale Innovation verändert das Verhältnis zwischen Kunden und Lieferanten«, schreibt der Ende 2011 verstorbene, US-amerikanische Professor Richard Leifer, der mit einem Team von Mitarbeitern mehrere Jahre lang radikale Innovationsprojekte untersuchte. »Märkte werden umgestaltet, aktuelle Produkte verdrängt und häufig komplett neue Produktkategorien geschaffen. Radikale Innovation bietet die Plattform für langfristiges Wachstum, das das Top-Management von Unternehmen braucht«, so Leifer.

Er stellt folgende Kriterien für radikale Innovation auf:

- Ein komplett neues Set von Leistungsmerkmalen,
- Verbesserungen bekannter Leistungsmerkmale um den Faktor fünf bis zehn oder
- eine signifikante Senkung der Kosten um mindestens 30 Prozent.

Sein Forschungsteam identifizierte verschiedene Arten radikaler Innovation.

Technologische radikale Innovation

Neue Technologien ersetzen bestehende innerhalb des angestammten Marktes eines Unternehmens. Diese Art der radikalen Innovation stärkt die Position eines Unternehmens innerhalb des bisherigen Marktportfolios und führt in der Regel zu langfristiger Umsatzsicherung, aber nicht zu signifikantem Wachstum. In diesem Buch wird es daher vor allem um die beiden anderen Arten radikaler Innovation gehen.

Innovation in den Lücken zwischen existierenden Geschäftsfeldern

Ein neues Geschäftsfeld wird erschaffen oder ein bestehendes erweitert: Diese Art von radikaler Innovation erfolgt innerhalb des existierenden strategischen Rahmens. Das Unternehmen ändert seine grundsätzliche Ausrichtung nicht, im Kern tut es nachher das gleiche wie vorher, doch es werden neue Marktsegmente mit neuen Produkten oder Dienstleistungen erschlossen beziehungsweise geschaffen.

Beispiel Die Nintendo Wii fällt in diese Kategorie. Mit der Spielkonsole schuf das Unternehmen einen Markt, den es zuvor nicht gab und den Nintendo-Präsident Satoru Itawa so beschrieb: »Wir treten nicht gegen Sony und Microsoft an. Wir kämpfen gegen das Desinteresse von Menschen an, die kein Interesse an Videospielen haben.« Nintendo definierte Videospiele neu und schaffte es, Familien und selbst ältere Menschen dafür zu begeistern. Diese häufig genannte Innovation hat das Kerngeschäft von Nintendo nicht verändert: Das Unternehmen nutzte geschickt die Zwischenräume existierender Geschäftsfelder.

Innovationen dieser Art werden vom Management häufig nicht als radikal eingestuft. Es handle sich ja »nur« um eine Erweiterung des Bisherigen mit neuen Wegen. Genau darin liegt ein Risiko: Weil die Radikalität der Innovation nicht erkannt wird, wird sie mit herkömmlichen Methoden gemanagt. Und scheitert, weil diese Managementmethoden für eine andere Art von Innovation geschaffen wurden.

Innovation außerhalb des strategischen Kontextes eines Unternehmens

Innovationen dieser Kategorie eröffnen neue und vollkommen unbekannte Märkte. Produkte, Teilprodukte oder Kompetenzen eines Unternehmens werden in Märkte übertragen, die bislang außerhalb der strategischen Zielsetzung lagen.

Beispiel Die Firma Analog Devices entwickelte einen Chip zur Beschleunigungsmessung, der in der Automobilindustrie eingesetzt wurde. Für das Unternehmen war dieser Markt vollkommen neu und lag außerhalb der bisherigen Strategie. Neu waren sowohl die Industrie wie auch der Kontext, in dem der Chip eingesetzt wurde.

Diese Kategorie ist die anspruchsvollste. Wenn solche Projekte Erfolg haben, muss entweder der strategische Kontext des Unternehmens verändert oder das Innovationsprojekt ausgegliedert werden. In Kapitel 5 werden Sie Kriterien kennenlernen, die Ihnen aufzeigen, ob es sinnvoller ist, ein Innovationsprojekt ins Unternehmen einzugliedern oder als eigenständiges Unternehmen zu betreiben.

Radikal oder inkrementell? Mit welcher Art von Innovation haben Sie es zu tun?

Die bestehenden Definitionen radikaler Innovation sind hilfreich, sie lassen aber einen Aspekt außer Acht. Eine Innovation kann aus technologischer Sicht radikal, aus Kundensicht inkrementell oder kaum wahrnehmbar sein.

Beispiel Jahrelang war ich als Auslandskorrespondent und Chefreporter für die ProSieben-Nachrichten tätig. Unser Produktionssystem funktionierte folgendermaßen: Wir nahmen Fernsehbilder mit sogenannten BetacamSP-Kameras auf, einer Technologie, die qualitativ hochwertige Bilder auf Basis analoger Fernsehtechnik ermöglichte. Dann stellten wir auf Digital Betacam um. Die Kameras, die Abspielgeräte und die Sendetechnik wurden einer radikalen technischen Innovation unterzogen, die Umstellung kostete allein für unsere Redaktion mehrere Millionen Euro.

Für den Zuschauer unserer Sendung ließ sich der Unterschied, den die radikale technische Innovation gebracht hatte, sehr klar definieren: Praktisch null. Die Bildqualität war maximal leicht verbessert, es gab seltener sogenannte »Spratzer«, also kleine Bildfehler, und beim Kopieren von Bändern blieb die Qualität langfristig besser. Das war es aber auch. Die Umstellung – obwohl im Sender stolz gefeiert – brachte keinen einzigen Zuschauer mehr. Erst die Umstellung von Digital Betacam auf digitale Servertechnologie brachte einen radikalen Nutzen: Die Zeit, die die Produktion eines Beitrags in Anspruch nahm, verkürzte sich radikal. Neue Senderkonzepte wie N24 oder der Kölner Heimatsender center.tv wurden durch die massiven Kosteneinsparungen überhaupt erst finanzierbar.

Dieses Beispiel zeigt, dass radikale Innovationen aus verschiedenen Perspektiven betrachtet werden müssen. Innovationen lassen sich nicht generell als inkrementell oder radikal bezeichnen, vielmehr gibt es einen Grad an Radikalität, der gering oder hoch sein kann. Eine Innovation kann technologisch ein geringes Maß an Radikalität aufweisen, aus Kundensicht jedoch als äußerst radikal wahrgenommen werden.

Es ist wichtig herauszufinden, welche Art von Innovation ein Unternehmen anstrebt, um die richtigen Managementinstrumente zu wählen. Eine technologische Innovation mit einem geringen bis mittleren Maß an Radikalität kann durchaus mit herkömmlichen Prozessen gemanagt werden, wenn die Innovation aus Unternehmens-, Mitarbeiter-, Branchen- und Kundensicht inkrementell ist. Hat jedoch eine Innovation einen hohen Grad an Radikalität sowohl aus Unternehmens- als auch aus Kundensicht, werden andere Managementmethoden benötigt wie etwa die in diesem Buch beschriebenen Innovation Greenhouses.

	Inkrementelle Innovation	Radikale Innovation
Technologische Perspektive	Weiterentwicklung bestehender Technologien.	Radikaler Bruch mit bestehenden Technologien.
	Technologische Innovation beeinflusst das Umfeld nicht und zieht kaum weitere technologische Innovationen nach sich.	Technologische Innovation leitet eine Zeitenwende im Umfeld ein und zieht weitere Innovationen nach sich.
	Technologische Veränderung bringt kaum Veränderungen für den Markt und das Unternehmen.	Neue Technologie führt zu erheblichen Veränderungen im Markt oder im Unternehmen.
Unternehmensperspektive	Das Unternehmen bedient weiterhin bekannte Märkte mit bekannten oder leicht veränderten Vertriebsstrukturen.	Das Unternehmen bedient neue Märkte oder bestehende mit radikal neuen Vertriebsstrukturen.
	Das Produkt, die Dienstleistung, das Geschäftsmodell oder der Prozess bleiben im Wesentlichen unverändert.	Es entsteht ein neues Produkt, eine neue Dienstleistung, ein neues Geschäftsmodell oder ein radikal veränderter Prozess.
	Die Innovation bringt das Unternehmen auf den Stand, den andere in der Branche bereits haben.	Die Innovation schafft radikale Alleinstellungsmerkmale und schafft einen längerfristigen Wettbewerbsvorteil.
	Die Innovation kann mit den im Unternehmen vorhandenen Erfahrungen entwickelt und beurteilt werden.	Das Unternehmen kann bei der Entwicklung und Beurteilung nicht auf bestehende Erfahrungen zurückgreifen.
Mitarbeiterperspektive	Die Innovation kann im Rahmen bestehender Denk- und Handlungsmuster umgesetzt werden.	Mitarbeiter müssen radikal umdenken, neue Denk- und Handlungsmuster sind erforderlich.

	Inkrementelle Innovation	Radikale Innovation
	Die Innovation kann mit bestehenden Mitarbeitern und ihren fachlichen Hintergründen umgesetzt werden.	Die Innovation erfordert neue Mitarbeiter mit einem anderen fachlichen Hintergrund und einem anderen Erfahrungsschatz.
	Die Innovation erfordert eine Weiterentwicklung bestehender Qualifikationen.	Wissen von Mitarbeitern veraltet durch die Innovation, eine Neuqualifikation ist erforderlich.
Branchenperspektive	Die Innovation verändert die Regeln bestehender Branchen nicht oder nur unwesentlich.	Die Innovation verändert die Regeln bestehender Branchen: Die Art, wie Unternehmen agieren, ändert sich.
	Die Marktteilnehmer innerhalb einer Branche bleiben im Wesentlichen die gleichen.	Neue Marktteilnehmer kommen in die Branche – in Form neuer Unternehmen oder Unternehmensteile.
	Definierte Branchengrenzen werden nicht infrage gestellt und bleiben bestehen.	Branchengrenzen verändern sich, möglicherweise entstehen neue Branchen.
Kundenperspektive	Der Kundennutzen bleibt im Wesentlichen der gleiche, wenn auch optimiert.	Es entsteht ein radikal neuer bzw. drastisch verbesserter Kundennutzen.
	Kunden erkennen nur einen geringen Unterschied zu anderen vergleichbaren Angeboten im Markt.	Kunden empfinden das neue Produkt, die neue Dienstleistung oder das neue Geschäftsmodell als einzigartig und überragend.
	Für Kunden hat der Neuigkeitsgrad der Innovation eine schwache bis mittlere Relevanz.	Für Kunden hat der Neuigkeitsgrad der Innovation eine hohe Relevanz.

Warum das Risiko radikaler Innovation nur scheinbar höher ist

Radikale Innovation zu managen, bedeutet, sich gedanklich von der scheinbaren Sicherheit fester Pläne zu verabschieden. Die Betonung liegt auf »scheinbar«: Denn langfristig betrachtet sind radikale Innovationen nicht risikoreicher als inkrementelle. Gerade weil der Prozess non-linear ist und für Außenstehende mitunter chaotisch scheint, ist er flexibler. Unternehmen können schneller auf neue Anforderungen reagieren. Gerade weil Ideen zu Beginn nicht endgültig ausgereift sind, bestehen viele Möglichkeiten, die Innovation bis zur bestmöglichen Umsetzung immer wieder umzugestalten. Eine Idee als ein amorphes Konzept, das sich den Gegebenheiten und Chancen anpasst, die auf dem Weg entstehen. Und gerade weil nicht gleich zu Beginn ein Businessplan geschrieben wurde, den es stur einzuhalten gilt, besteht jederzeit die Option, die Strategie zu wechseln.

Mittel- bis langfristig versprechen radikale Innovationen ein größeres Alleinstellungsmerkmal als inkrementelle Entwicklungen. Unternehmen, die dem Teufelskreis der inkrementellen Innovation entfliehen, den Sie der Einleitung zu Teil 1 kennenlernen werden, können in den Märkten das mitnehmen, was in der Managementausbildung allgemein als »First Movers Advantage« gilt – sprich die Vorteile der Pioniere. Radikale Innovation ist kein Selbstzweck. Sie ist ein Mittel, um neue Märkte zu entwickeln, statt aus alten verdrängt zu werden. Es ist der Wechsel vom Verteidiger zum Angreifer.

Zudem sind Unternehmen, die radikale Innovation vorantreiben, zumindest eine Zeit lang in der Lage, dem Preiskampf zu entgehen. Sie folgen nicht als Zweiter, Dritter oder Vierter in ein Marktsegment und damit zu einem Zeitpunkt, zu dem die Margen durch zunehmende Konkurrenz bereits sinken. Als »First Mover« können sie häufig, wenn auch nicht immer, höhere Renditen erzielen. Nicht zuletzt wirkt sich das Image eines Innovators oft positiv auf das Gesamtunternehmen aus. Nur wenige Kunden finden den ewigen Zweiten oder Dritten im Markt wirklich sexy.

Dieses Buch wird Ihnen zeigen, wie Sie im Innovationsmanagement wirklich neue Wege gehen können: Wege, die es Ihnen erlauben, Innovation schneller voranzutreiben und weitreichendere Neuerungen zu ermöglichen, Wege, die Ihr Unternehmen flexibler und kreativer machen, und Wege, die Ihrem Unternehmen Perspektiven jenseits des derzeitigen Wachstumspotenzials eröffnen. Dieses Buch zeigt, wie das funktionieren kann: Wie Manager den Status quo über den Haufen werfen und mit ungewöhnlichen Methoden Ungewöhnliches erreichen können. Das Buch zeigt Ihnen den Weg zu radikalen Innovationen, die diesen Namen verdienen. Damit Sie in Ihrem Unternehmen künftig häufiger sagen können: Genial!

1 Grundlagen für das Verständnis radikaler Innovation

Wenn Sie sich die Innovationsportfolios der meisten Unternehmen ansehen, werden Sie schnell feststellen: Die meisten Projekte bewegen sich auf bekanntem Terrain. Neue Versionen existierender Produkte oder leichte Neuerungen. Möglichst wenig Risiko, möglichst große Berechenbarkeit. Für die überwiegende Anzahl von Unternehmen ist alles, was nicht sicher scheint, beängstigend. Doch diese Sicherheit ist trügerisch. Unternehmen, die sich ausschließlich auf inkrementelle Innovationen stützen, landen unweigerlich im Teufelskreis der inkrementellen Innovation.

Am Anfang von Innovationsbestrebungen steht wirtschaftlicher Druck, dem das Management mit herkömmlichen Methoden wie Kostensenkungen nicht mehr begegnen kann. Weil wirtschaftlicher Druck bereits auf dem Unternehmen lastet, müssen Erfolge prognostizierbar sein. Innovationen sind erwünscht, solange sich ihr Erfolg mit an Sicherheit grenzender Wahrscheinlichkeit voraussagen lässt. Infolge greifen die Beteiligten auf Erfahrungen aus der Vergangenheit zurück.

Sicher erscheinende Konzepte werden jenen vorgezogen, die ein höheres Risiko bergen. Die Beteiligten gehen den Weg des geringsten Widerstandes. Sie greifen Trends auf, die sich im Markt bewährt haben, oder kopieren ihre Mitbewerber einfach.

In der Branche setzen jedoch zahlreiche Unternehmen auf Sicherheit. Die Folge: Mehr vom Gleichen. Die Sättigung beim Konsumenten stellt sich schneller ein, Produkte laufen sich schneller tot, Verkaufszahlen und Margen sinken. Der wirtschaftliche Druck ist wieder da, der Teufelskreis der inkrementellen Innovation beginnt von vorne.

Im ersten Teil dieses Buchs lernen Sie die Unterschiede zwischen inkrementeller und radikaler Innovation kennen. Die beiden Kapitel werden Ihnen helfen, Hindernisse zu erkennen, und aufzeigen, warum inkrementelle und radikale Innovation unterschiedlich gemanagt werden müssen.

Die Innosaurier – Warum große Unternehmen bei großen Innovationen versagen

1

Große Unternehmen haben alles, wovon kleine Firmen träumen: Mehr Mitarbeiter, die besten Hochschulabsolventen, gigantische Budgets für Analysen und Marktforschung, Heerscharen an Beratern, ein Ideen- und Innovationsmanagement, Abteilungen zur Trendforschung und häufig sogar komplette Innovationszentren. Wäre es da nicht logisch, dass sie auch die besseren Ideen entwickeln? Müssten wir nicht täglich staunen, was aus diesen Unternehmen an Aufregendem und Neuem herauskommt? Sollten hier dank der vielen perfekt durchgestylten Prozesse nicht die wahren Innovationsdiamanten entstehen?

»What we want to be is something completely new. There is no physical analog for what Amazon.com is becoming.«

[Jeff Bezos, Gründer und CEO von Amazon.com, beschreibt seine Anfangsvision.]

Das Gegenteil ist der Fall. Hertie und Quelle mussten schließen, während Amazon-Gründer Jeff Bezos im Internet ein neues Handelsimperium aufbaute.

Warum waren die großen Handelskonzerne dazu unfähig? Die Elektronikdiscounter der Media-Saturn-Kette brauchten 16 Jahre, um auf die Konkurrenz von Amazon zu reagieren: Erst im Januar 2012 eröffnete MediaMarkt einen eigenen Online-Shop. Unternehmen wie Foursquare, Dropbox, Flickr und Facebook haben währenddessen längst das Internet erobert. Stammt eines dieser neuen Geschäftsmodelle aus den Innovationsabteilungen großer Unternehmen?

Die Antwortet ist einfach: Nein. Die Mehrheit der Großunternehmen und großer Institutionen ist nicht in der Lage, wirklich radikale Innovationen zu entwickeln. Sie sind Innosaurier – gewichtig, aber langsam und behäbig. Sie haben – wie es der Flugzeughersteller Boeing bei sich diagnostizierte – ein Immunsystem gegen Veränderungen entwickelt. In ihren Sitzungen wird ständig von frischem Wind geredet, produziert wird heiße Luft. Innosaurier leiden an ständiger Ideennot und merken es nicht einmal – bis es zu spät ist. Musste Hertie schließen, weil sich das Management in wagemutige Projekte stürzte? Nein. Weil es keine neuen Ideen gab. Ist die Krise der großen Musiklabels ausgebrochen, weil das Management in einer Ideenflut ertrank? Nein. Sondern weil es einen leichten Nieselregen halbherziger Innovationsansätze bereits für eine Flut hielt. Musste Kodak 2012 Insolvenz anmelden, weil die Ideen versagten? Nein. Sie konnten gar nicht versagen. Das Unternehmen lebte so lange im Ideenvakuum, bis die Realität in Form der digitalen Fotografie an die Tür klopfte.

Woran liegt das? Es gibt kaum eine Vorstandsrede, in der nicht mindestens zehn Mal das Wort Kreativität und zwanzig Mal der Begriff Innovation fällt. Statt die eigene Organisation ideenfähig zu machen, werden schwerfällige Prozesse initiiert, die unterbinden, was Innovation erfolgreich macht: Mut, Tempo und Leidenschaft.

Sobald Innovation den Bereich des Inkrementellen – sprich die schrittweise Verbesserung von Bestehendem – verlässt, ist die Mehrzahl großer Unternehmen so flexibel und beweglich wie Dinosaurier: Draußen verändert sich die Welt, drinnen die PowerPoint-Präsentation. Draußen wird die digitale Revolution ausgerufen, drinnen der Abstimmungsprozess neu aufgesetzt. Draußen sind Rebellen dabei, neue Märkte zu erobern, drinnen überlegen Manager, wie sie ihren Kopf aus der Schlinge kriegen, falls es nicht klappen sollte.

»Eine Idee, die nicht gefährlich ist, ist es nicht wert, überhaupt eine Idee genannt zu werden.«

[Oscar Wilde, 1854–1900, Schriftsteller]

Das Tragische dabei: Innosaurier leben auf Kredit. Ein Unternehmen, das keine Ideen entwickelt, lebt auf Kosten der Zukunft. Jede Idee, die nicht entwickelt wurde, ist eine Chance weniger, langfristig erfolgreich zu bleiben.

»An Einfallslosigkeit Gestorben« – AEG und andere Innosaurier

Im Jahr 2040 blicken Sie auf Ihr Leben zurück: »Damals fuhr ich mit meinem Saab zum Reisebüro. Dort habe ich das neue Betriebssystem für die Computer installiert.« Verständnislos gucken Ihre Enkel Sie an: »Opa? Was ist ein Saab? Was ist ein Reisebüro? Und was ist ein Betriebssystem?« Sie sprechen eine Sprache, die die Kleinen nicht verstehen. Wovon redet Opa? Klingt dieses Szenario für Sie utopisch? Dann machen Sie den Test: Erzählen Sie einem 15-Jährigen Folgendes: »Wir hatten einen Karman Ghia, im Wohnzimmer stand der DUAL, im Büro die hochmoderne elektrische Olympia und in der Küche AEG.« Ihr Gegenüber wird sagen: »Übersetz mal bitte.«

Wenn Sie dieses Szenario Anfang der 80er-Jahre zum Besten gegeben hätten, wären sie ausgelacht worden. AEG war »aus Erfahrung gut«. Jetzt ist AEG »an Einfallslosigkeit gestorben«. So wie Karmann, der Plattenspieler-Hersteller DUAL und der Schreibmaschinenspezialist Olympia. Die Markennamen werden teilweise zwar noch genutzt, die Unternehmen existieren jedoch nicht mehr. Dabei war es Mitte der 80er-Jahre nicht vorstellbar, dass diese Konzerne einfach so vom Markt verschwinden. Sind sie aber. Die Herrscher der Märkte gingen zugrunde an der Unfähigkeit, neue Ideen zu entwickeln. Sie müssen gar nicht so weit zurückblicken: Manroland, einst der weltweit zweitgrößte Druckmaschinenhersteller, wurde 2012 zerschlagen. Die Branche wurde durch das Internet förmlich überrollt. Heute ist es eine Frage des Überlebens, ob Unternehmen in der Lage sind, wirklich neue Ideen zu entwickeln – statt immer wieder nur Varianten des Gleichen in einem Markt, der von technologischem Fortschritt und ständigem Wandel getrieben wird.

Hilfe! Neues! Warum Innosaurier unter Ideenallergien leiden

Ein Gespräch mit dem Innovationsbeauftragten eines deutschen Unternehmens: »Ihr habt einen irre aufwendigen Innovationsprozess.« »Ja, der ist ganz toll.« »Lohnt sich das? Kommt da was bei raus?« »Ja, ganz viel.« »Was denn?« »Na ja, viele gute Sachen.« »Ja, welche denn? Ich kenne keine.« »An vielen Stellen viele gute Ideen.« »Ich will Beispiele.« »Na ja, beim Relaunch unserer Top-Marke, da hat der Prozess schon eine große Rolle gespielt.« Alles klar, Botschaft verstanden. Der Mann, der das sagt, ist übrigens offizieller »Innovation Ambassador« seiner Firma und hat damit eine der elegantesten Visitenkarten Deutschlands.

Im Inneren der Innosaurier beschäftigen sich Heerscharen von Mitarbeitern täglich damit, Marktanalysen und Trends auszuwerten. In Hunderten von Meetings werden Ideen analysiert, getestet und überarbeitet. Unterstützt von Beratern wie PowerPoint-Patrick, der eine einfache Aussage auf zweihundert Folien ausweitet. Was kommt dabei heraus? Voller Stolz berichtet eine Innovationsbeauftragte: »Wir haben eine grandiose Innovation herausgebracht. Eine neue preiswertere Produktvariante in Südeuropa. In einer etwas kleineren Packung.«

Hand aufs Herz: Ist das der große Wurf – oder eher der kleinste gemeinsame Nenner? Das, worauf sich alle Beteiligten einigen konnten, ohne etwas zu riskieren? Innosaurier treffen keine Entscheidung ohne eine scheinbar objektive Analyse oder Marktforschung. Sie gehen keinen Schritt ohne stundenlange Abstimmungssitzungen zwischen verschiedenen Gremien und ohne Patricks zweihundert PowerPoint-Folien. Und das alles für eine kleinere Packung.

Innosaurier sind nicht darauf ausgerichtet, Neues zu entdecken, sondern darauf Fehler zu vermeiden. Sie werden beherrscht von Marketingleitern, die in jeder neuen Idee einen Generalangriff auf die eigene Marke sehen. Und firmeninterne Innovationszentren schwimmen so sehr im eigenen Saft, dass sie nach drei Jahren eine Idee mit »Geht nicht!« beerdigen. Innerhalb von drei Monaten bringt eine kleine Firma das Gerät anschließend auf den Markt. Alles Beispiele aus dem täglichen Leben.

> *»If you're not a risk taker, you should get the hell out of business.«*
>
> **[Ray Kroc, 1902–1984, Urvater des McDonalds-Imperiums]**

Lethargie statt Magie – Die Strategien der Innosaurier

»Durch die optimale Ressourcenverteilung und einen konsequenten Konsolidierungskurs wird in den verschiedenen Geschäftsfeldern die Wettbewerbsfähigkeit maßgeblich erhöht. Wir wollen Benchmarkniveau erreichen.« Wow, was für eine Strategie! Das Wörterbuch der schönsten Managementphrasen ergänzt um zwei bis drei knackige Finanzziele – fertig ist die Vision. Dann steht da etwas von höheren Renditen, von Wachstumsraten in einzelnen Segmenten, von Eroberungsmilieus in Zielgruppen und so weiter. Unternehmensstrategien von Innosauriern sind so inspirierend wie ein Telefonbuch, ein Lehrstück in Langeweile. Doch Menschen lassen sich von der Aussicht, jetzt mal kräftig zu konsolidieren, nicht wirklich begeistern. Natürlich, irgendwo finden Sie immer einen, der leuchtende Augen bekommt. Aber normale Menschen? Nicht einmal der knochentrockenste Manager würde eine Frau mit den Worten zu erobern versuchen: »Du, deine Ressourcen sind heute Abend wirklich optimal verteilt, das ist Benchmarkniveau.« Aber sobald es um Visionen geht, wird der Phrasendrescher munter angeschaltet. Innosauriern fehlt das, was die Basis für neue Ideen ist: Leidenschaft.

Die Erfindung der Unbeweglichkeit – Wenn Struktusaurier Kreativität verwalten

Was ist Irrsinn? Benjamin Franklin, einer der Gründerväter der USA, hatte seine ganz persönliche Definition: »Die gleichen Dinge immer und immer wieder tun – und dabei andere Ergebnisse erwarten.« Innosaurier tun genau das. Sie versuchen immer und immer wieder, bahnbrechende Ideen in bewährten Strukturen zu entwickeln. Und sie scheitern: Niemand fühlt sich für die Idee gerade zuständig, niemand unterstützt sie, weil gerade andere Dinge wichtiger sind. Schließlich bleibt die Idee irgendwo in den Mühlen der Hierarchieebenen stecken. Innosaurier-Prozesse mit festen Abläufen und Zuständigkeiten, Meetings und Kriterien, Formalien und Vordrucken töten jeden Anflug kreativen Handelns. Die Manager der Innosaurier resignieren: »Tut mir leid, die Struktur unseres Unternehmens gibt das nicht her.« Statt zu sagen: »Dann schaffen wir eben eine neue.« So wie Boeing: Ende der 90er-Jahre hatte der Flugzeughersteller ein »Immunsystem der Organisation« gegen neue Ideen entwickelt – so die schonungslose Analyse des Top-Managements. Zu oft versandeten gute Ideen in den Mühlen der Bürokratie oder wurden gar offen bekämpft. Das war die Geburtsstunde einer eingeschworenen internen Truppe, die das Unternehmen vollkommen autonom nach Verbesserungen durchforstete. Binnen weniger Jahre schaffte es Boeing, mit der Guerilla-Taktik das Immunsystem zu besiegen und die Kosten bei der Flugzeugmontage um 50 Prozent zu senken.

Pioniere in Zwangsjacken – Warum kreative Manager bei Innosauriern scheitern

»Herzlich willkommen bei McIdea. Ihre Bestellung bitte.«
»Ich hätte gerne zwanzig neue Ideen mit Vollkaskoschutz: Noch nie dagewesen, ohne Risiko und mit Erfolgsgarantie.«
»Das macht 4,95 Euro, bitte fahren Sie weiter zum nächsten Fenster.«

So würde es aussehen: das Innosaurier-Paradies. Geniale Ideen so einfach wie eine Cheeseburger-Bestellung. Just in time geliefert und konsensfähig. Vom Praktikanten bis zum Vorstandsvorsitzenden sind alle begeistert. Die Marktforschungen und Analysen bestätigen, dass die Idee einmalig gut ist, die Kunden nehmen sie begeistert auf. Und das Beste ist: Im Unternehmen sind keinerlei Veränderungen nötig, die Idee setzt sich praktisch von alleine um. Dummerweise ist die Welt kein Innosaurier-Paradies. Eigentlich müssten Manager Pioniere sein: Abenteurer der Wirtschaft, die tollkühn neue Märkte erobern. Doch Manager von Innosauriern sind in Systemen gefangen, die allenfalls Pauschalreisen zulassen. Die schnelle Erfolge belohnen und Experimente verhindern. In denen eher 50.000 Euro in teure Analysen investiert werden als einfach mal etwas auszuprobieren. Denn: Fehler müssen um jeden Preis vermieden werden. Es ist nicht so, dass Innosauriern die Visionäre fehlen. Doch diese stecken in der Zwangsjacke.

Kreative Monotonie – Wenn Kuschelsaurier neue Ideen verhindern

»Wir sind ein tolles Team. Wir verstehen uns prima, wir haben die gleichen Interessen und wir können uns ohne lange Diskussionen einigen.« Es wird Zeit, dieses tolle Team aufzubrechen. Jedenfalls, wenn Sie wirklich neue Ideen möchten. Harmonie ist der Tod radikaler Innovation. Wirklich neue Ideen entstehen nur, wenn es Reibung gibt: Zwischen Menschen mit verschiedenen Sichtweisen, Erfahrungshintergründen und Denkarten. In innovativen Unternehmen wird diskutiert und gestritten – um der Sache willen. Innosaurier indes kuscheln Ideen zu Tode.

In vielen Unternehmen sind Systeme der kreativen Monotonie entstanden: Voller Klone, die ähnlich denken und entscheiden. Innovationszentren voller Ingenieure mit der gleichen technischen Ausbildung. Marketingabteilungen voller Mitarbeiter, die alle aus der gleichen Branche stammen. Und Führungsetagen frei von jedem Querdenker. Harvard-Professorin Dorothy Leonhard nennt dies das »Comfortable Clone Syndrome«: Manager, die Konflikte scheuen und ihre eigenen Lösungsstrategien zum Maßstab nehmen, bilden Teams, die zu gut zusammenpassen. Ihnen fehlt, was die Grundlage jeder radikalen Innovation ist: der konstruktive Streit um den richtigen Weg.

Die Egalosaurier – Motivation im Reich der Innosaurier

»Ihre Ideen sind wichtig für unser Unternehmen. Ich habe eine Ideen-Hotline geschaltet, an der ich Ihre Ideen persönlich entgegennehme. Bitte rufen Sie mich an.« Mit diesem Aufruf überraschte der Konzernchef eines großen deutschen Unternehmens seine Mitarbeiter. Einer, der anrief, war Bernd F. Was dann passierte, schildert er so: »Ich telefonierte tatsächlich mit unserem obersten Chef. Er nahm meine Idee an, wir sprachen kurz darüber und er versicherte mir, dass er sie sorgfältig prüfen würde. Ein halbes Jahr später hatte ich immer noch nichts gehört. Ich rief bei seiner Assistentin an, die auch nichts wusste. Wenige Tage später die kurze Mail eines anderen Assistenten: »Ihre Idee wurde leider abgelehnt.« Ein klassischer Ideen-GAU: Eine überraschende Ankündigung, ein großer Motivationsschub und dann … pffff … war die Luft raus. Der Konzernchef ist mit diesem GAU nicht alleine.

Manager und Führungskräfte suchen händeringend nach neuen Ideen. Und doch verhindern sie sie täglich. Sie optimieren Arbeitsstrukturen so lange, bis der Einzelne wie ein Huhn in einer Legebatterie funktioniert. Sie machen Vorgaben, die jeden wirklich neuen Ansatz im Keim ersticken. Und sie setzen falsche Anreize. Die Folge: Engagierte und leidenschaftliche Mitarbeiter stumpfen ab. Am Ende sind sie Egalosaurier: Ob Ideen Erfolg haben oder nicht, ist ihnen schlichtweg egal. Hauptsache, die Regeln werden eingehalten.

Das Ende der Eiszeit – Überlebensstrategien für Innosaurier

Auf einer internen Veranstaltung spricht der Chef eines weltweit agierenden Großunternehmens deutliche Worte. »Wir bauen gerade unseren neuen Firmensitz. Wer sagt uns, dass wir den in zehn Jahren noch brauchen? Werden wir da noch so arbeiten wie heute? Oder werden 70 Prozent aller Schreibtische dauerhaft unbesetzt sein? Wird es uns in zehn Jahren noch so geben wie heute? Oder werden wir weltweit kleine Spezialistenteams sein, die sich um Projekte bewerben?« Die rund hundert »High Potentials« des Unternehmens hören aufmerksam zu.

Im Reich der Innosaurier rumort es. Erste Unternehmen haben erkannt, dass sie sich radikal verändern müssen, um langfristig zu überleben. Phillips hat einen »Open Innovation Campus« gegründet und arbeitet hier eng mit akademischen und industriellen Partnern zusammen, der Otto-Versand beteiligt sich an eVenture Capital Partners, einer Firma, die junge Internet-Start-ups finanziert, Microsoft stellt Mitarbeiter ein, die von Technik möglichst wenig verstehen und schafft es so nach dem Vista-GAU, mit Windows 7 Kunden wieder zu begeistern. Unternehmen jeder Branche versuchen, die Vorteile ihrer Größe mit der Wendigkeit von Neugründern zu kombinieren, verkrustete Strukturen radikal aufzubrechen und durch ungewöhnliche Maßnahmen ungewöhnliche Ideen zu generieren. Ihre Unternehmensstrategien sollen dafür sorgen, dass sie in Zukunft »**A**ndere **E**infälle **G**ewinnen«, damit es nicht – wie bei AEG – irgendwann heißt: »**A**n **E**infallslosigkeit **G**estorben.«

Der Unterschied im Management inkrementeller und radikaler Innovationen

2

Beispiel Im Sommer 1976 reist Eric Favre im Urlaub nach Rom. In einer Bar sieht er einem besonders engagierten Barista bei der Arbeit zu. Favre ist fasziniert: Eugenio – einer der besten Baristi Italiens – scheint das Rezept für den perfekten Espresso gefunden zu haben. Die optimale Mischung aus Luft, Wasser und Kaffee. Kaum kehrt er aus dem Urlaub zurück, beginnt er in seiner Firma an einem Apparat zu bauen: Er entwickelt einen Zylinder, füllt ihn mit Kaffee und pumpt unter hohem Druck heißes Wasser und Luft durch. 1978 stellt er seine Erfindung dem Vorstand von Nestlé vor, der Firma, für die er zu diesem Zeitpunkt arbeitet. Das Projekt wird abgelehnt – Favre entwickelt seine Maschine trotzdem weiter – sechs volle Jahre lang. Favre ist klar, dass es um mehr als nur den Verkauf einer Maschine geht. Seine Innovation benötigt ein gesamtes System, um erfolgreich zu sein. Dieses System, so scheint es, hat in der Welt des Konzerns keinen Platz. Favre entschließt sich, zu kündigen. Bevor er jedoch kündigt, schreibt er einen Brief an den damaligen CEO von Nestlé, Helmut Maucher. Er schreibt ihm, dass Nestlé nicht wisse, wie man Dinge erfinde und ein komplett neues Produkt vertreibe. Maucher tut etwas Ungewöhnliches: Er entschließt sich, eine separate Einheit zu gründen, das Produkt auf den Markt zu bringen und Favre zum Geschäftsführer der Einheit zu machen.

Es dauert zehn Jahre, bis NESPRESSO ab 1996 zur am schnellsten wachsenden Firma von Nestlé wird. Im Jahr 1994 hat NESPRESSO 88.500 Klub-Mitglieder, verkauft 36.600 Maschinen und das erste Mal mehr als 100 Millionen Kapseln. Zehn Jahre später sind es mehr als 3 Millionen Mitglieder.

Mit den klassischen Methoden des Innovationsmanagements wäre das Unternehmen niemals entstanden. Hätte man Verbraucher vor fünfzehn Jahren gefragt, was sie von einem geschlossenen System halten würden, bei dem eine Tasse Kaffee 35 Cent kostet, das eine Klub-Mitgliedschaft verlangt und das man noch dazu nur online oder per Telefon bestellen kann, wäre die Antwort klar gewesen: nicht interessant. NESPRESSO hätte es nicht über die Konzeptphase hinausgeschafft.

Die meisten Unternehmensstrukturen sind nicht dafür gemacht, Innovation wirklich voranzutreiben – und radikale Innovation schon gar nicht. Unternehmen, die hierarchisch aufgestellt und in verschiedene Funktionsbereiche unterteilt sind, haben diese Struktur gewählt, um das operative Tagesgeschäft bestmöglich voranzubringen. Es erfordert klar definierte Zuständigkeiten, offensichtliche Kommunikations- und Entscheidungswege und Strukturen, die ein hohes Maß an Kontinuität und Stabilität garantieren. Diese Strukturen sind so ziemlich das Gegenteil von dem, was radikale Innovation braucht. Strukturen für radikale Innovation lassen sich häufig nicht mit dem Tagesgeschäft vereinbaren. Sie sind nicht linear, sondern iterativ. Nicht ein Schritt folgt auf den anderen, sondern es geht häufig zwei Schritte vor, einen zurück, zwei seitwärts, wieder auf die Ausgangsposition zurück und dann weiter. Iterative Prozesse benötigen ein Höchstmaß an Wendigkeit und Flexibilität, Teams müssen offen für neue Anregungen und neue Impulse sein und zielorientiert statt prozessorientiert arbeiten.

Klassische Prozesse fördern in erster Linie inkrementelle Innovation

Die meisten Unternehmen versuchen, Innovation mit den gleichen Methoden zu managen, mit denen sie auch andere Bereiche wie beispielsweise die Produktion managen: Mit Regeln, klar definierten Abläufen und festgelegten Zuständigkeiten. Mithilfe solcher klar definierten Prozesse sollen Innovationsprojekte von der ersten Idee bis zur Markteinführung gemanagt werden. Das sicherlich bekannteste Konzept ist der sogenannten Stage Gate-Prozess. Er beschreibt die verschiedenen Stufen eines Innovationsprozesses, unterteilt ihn in Phasen und sieht klar strukturierte Schnittstellen für jede dieser Phasen vor. Solche Prozesse eignen sich jedoch vor allem für das Management inkrementeller Innovationen. Sie sind gut, wenn die Phase von der Ideengenerierung bis zur Markteinführung relativ vorhersehbar ist, die Risiken bekannt sind, plötzliche Überraschungen weitgehend ausgeschlossen werden können und das Unternehmen von seiner internen Expertise profitieren kann. Arbeitet ein Automobilkonzern an der Optimierung eines Fahrgestellsystems, ist es sinnvoll, das gesamte technische Wissen der internen Ingenieure zu nutzen. Anders sieht es jedoch aus, wenn das Unternehmen an komplett neuen Geschäftsmodellen arbeitet, die die Logik des alten Geschäftsmodells auf den Kopf stellen.

Beispiel Es ist kein Zufall, dass ausgerechnet ein Outsider der Automobilbranche neue Maßstäbe bei der Entwicklung des Elektroautos setzt. Der ehemalige SAP-Manager Shai Agassi hat sein Unternehmen better place zu einem Pionier im Bereich der Elektromobilität gemacht. Seine Idee ist so radikal wie einfach: Kunden werden beim Kauf von Elektroautos vor allem durch den hohen Preis der Batterie abgeschreckt. Agassi hat deshalb ein System von Mietbatterien entwickelt: Kunden kaufen ihr Auto ohne Batterie. An speziellen Batterie-Wechselstellen erhalten sie dann eine aufgeladene Mietbatterie.

Als Testmärkte hat Agassi Israel und Dänemark ausgewählt. In den ersten vier Jahren nach der Unternehmensgründung 2007 konnte better place rund 750 Millionen Dollar an Risikokapital einnehmen, davon knapp 200 Millionen Dollar in einer Finanzierungsrunde Ende 2011. Better place ging eine Partnerschaft mit Renault ein. Gemeinsam entwickelten die Unternehmen den Renault Fluence Z.E., das erste Auto mit auswechselbarer Batterie. Das Auto wird in Dänemark für weniger als 30.000 Euro angeboten, dazu kommen Pakete von better place: Vom Einsteigertarif (199 Euro im Monat) für Kunden, die weniger als 20.000 Kilometer im Jahr fahren, bis zum »All You Can Drive«-Tarif für 399 Euro.

43.256

Es ist nicht abzusehen, ob better place ein Erfolg wird oder nicht. Was aber das Beispiel zeigt, ist: Auf dem Feld der radikalen Innovation genügt es nicht, das angestammte Produkt zu verbessern oder Teile davon neu zu entwickeln. Das angestammte Feld muss verlassen werden. Das Risiko solcher Innovationen ist schwer abzusehen. Genau deshalb wagen sich nur wenige Unternehmen an radikale Neuerungen heran.

Richard Leifer, Christopher M. McDermott, Gina Colarelli O'Connor, Lois S. Peters, Mark Rice, Rice Mark P. und Robert W. Veryzer haben einige grundlegende Unterschiede im Management radikaler und inkrementeller Innovation herausgearbeitet, von denen Sie die sieben wichtigsten in diesem Kapitel kennenlernen werden.

Der Zeithorizont: Kurzfristiges versus langfristiges Denken

Inkrementelle Innovation hat einen absehbaren Zeithorizont: die nächste Modellserie, die nächste Fachausstellung oder das nächste Geschäftsjahr. Inkrementelle Innovation verfolgt vor allem ein Ziel: kurzfristig die Wettbewerbsposition stärken, kurzfristig Gewinne erzielen oder kurzfristig die Marktposition festigen oder verbessern. Die Bedeutung von inkrementeller Innovation darf nicht unterschätzt werden: Sie hilft Unternehmen, mit neuen Ideen die Qualität zu sichern, Produkte an Markttrends anzupassen, Prozesse effektiver zu gestalten und damit dafür zu sorgen, dass jede Produktauflage ein Stück besser wird als die Vorgängerversion.

Radikale Innovation hingegen ist langfristig. Immer wieder werden auf Fachkongressen leuchtende Beispiele wie Apple oder das bereits beschriebene Beispiel von NESPRESSO genannt. Und immer wieder rufen Innovations-Chefs, Vorstandsmitglieder großer Unternehmen, Trendforscher und Berater zum Mut auf, solche Innovationen zu entwickeln. Die meisten vergessen dabei, dass der Erfolg solch radikaler Innovationen jenseits des nächsten Quartalsberichts liegt – häufig sogar jenseits des nächsten Jahresabschlusses. Selbst in der schnelllebigen Internetbranche sind Erfolge binnen weniger Monate eher die Ausnahme.

Beispiel Barcoo, eine Smartphone-App, mit der Konsumenten über den Barcode eines Produktes mehr zu dessen Herkunft und zu Preisen erfahren können, ist seit 2010 eines der verheißungsvollsten Start-ups rund um mobile Medien. Medien schwärmten von der fantastischen Idee: Ein Kunde hält einfach nur sein Handy an eine Waschmaschine im Elektromarkt, schon verrät die App, dass es die gleiche Waschmaschine in 500 Metern Entfernung günstiger gibt. Oder: ein Kunde hält das Smartphone über den Barcode eines neuen Lebensmittels und erfährt sofort alles über Hintergründe, Produktion, Inhaltsstoffe und Kommentare anderer Kunden zum Produkt. »Was für eine fantastische Idee«, denken Sie nun. »Warum hatten wir die in unserer Firma nicht?«

Die Antwort ist einfach: Weil die Entwicklung dieser App ungefähr zwei Jahre dauerte und das Unternehmen mehrfach kurz vor der Pleite stand, bevor sich die Innovation schließlich durchsetzte. »Die Idee war da, noch bevor es überhaupt den Appstore gab. Trotzdem waren wir von Anfang an vom langfristigen Erfolg überzeugt«, erinnert sich Unternehmensgründer Benjamin Thym. Dennoch gab es Zeiten, in denen er ans Aufgeben dachte: »Es gab diesen Punkt mehrfach, und zwar immer dann, wenn uns das Geld ausging.« Investoren beäugten das Projekt zunächst kritisch, denn barcoo entstand in einer Zeit, in der noch niemand mit Apps Geld verdiente. Benjamin Thym arbeitete an etwas völlig Neuem – er konnte keine vergleichbaren Konzepte heranziehen, um Geldgeber vom Erfolg seiner Idee zu überzeugen. Die Kraft durchzuhalten schöpfte er aus dem festen Glauben an den Erfolg: »Die technische Grundlage für unsere App war da – und Verbraucher wollen mehr Transparenz. Uns war einfach klar, dass das Projekt funktionieren wird.« Zwei Jahre dauerte es, bis barcoo an den Start ging – ein weiteres, bis sich die App rechnen sollte. »Wir haben von Anfang an sehr langfristig gedacht, es ging uns nie um ein One-Hit-Wonder«, so Thym.

Radikale Innovation verlangt einen langfristigen Zeithorizont

Es erfordert die Bereitschaft, sich heute mit Produkten, Dienstleistungen oder Geschäftsmodellen zu beschäftigen, die möglicherweise erst im zweiten, dritten oder sogar vierten Anlauf funktionieren. Und die sich in den nächsten fünf, vielleicht sogar zehn Quartalsberichten eventuell nur als Hoffnung auf Gewinne darstellen. Wenn die Bereitschaft, langfristig zu denken, nicht in einem Unternehmen verankert ist, sollte sich das Top Management von vornherein auf die Suche nach inkrementellen Innnovationen mit schnellem, berechenbarem Return konzentrieren.

Merkmale von Unternehmen, die auf inkrementelle Innovation ausgerichtet sind	Merkmale von Unternehmen, die auf radikale Innovation ausgerichtet sind
Die Ziele sind kurzfristig und eher operativ geprägt. Es geht vor allem um schnelle Gewinne.	Ziele sind langfristig und visionär. Das Management denkt über den Tellerrand hinaus und weiß, dass Neues nicht gleich morgen Geld bringt.
Wenn Ideen bewertet werden, bestehen erfahrungsgemäß nur die, deren Erfolg kurzfristig abzusehen ist.	Wenn Ideen bewertet werden, werden auch solche positiv beurteilt, die ein längerfristiges Engagement bedeuten und bei denen eine längere Durststrecke wahrscheinlich ist.
Das Top-Management sowie die Führungskräfte wichtiger Innovationsbereiche wechseln häufig. Langfristige Visionen sind schwer möglich.	Sowohl im Top-Management wie auch in den Führungsbereichen der Innovationseinheiten herrscht weitgehend Kontinuität. Langfristige Visionen sind denkbar.
Die Zukunftsvision reicht nicht über ein bis zwei Jahre hinaus.	Im Unternehmen gibt es eine klare Zukunftsvision davon, wo es in fünf Jahren stehen wird.
Es heißt oft: »Denken Sie langfristig!« Aber spätestens, wenn nach sechs Monaten nicht die ersten Gewinne da sind, wird das Management ungeduldig.	Wenn es heißt »Nehmen Sie sich die Zeit, die Sie benötigen«, ist das auch so gemeint. Es geht darum, die richtigen Schritte einzuleiten, um in Zukunft Gewinne einzufahren.

Der Ablauf

In der Geschäftswelt ist nahezu alles planbar: Fast alle Abläufe im Unternehmen folgen einem klaren, nachvollziehbaren Prozess mit festen Regeln und Abläufen. Ob in der Qualitätssicherung, der Verbesserung, dem Auftragseingang, der Personalverwaltung, in der Produktion oder im Finanzwesen. Die meisten Geschäftsabläufe sind durch lineare Abläufe geprägt, denn sie haben vor allem ein Ziel: Planung ermöglichen und Überraschungen vermeiden.

Was passiert, wenn man versucht, diese Logik auf Innovation zu übertragen? Das wäre, als würden Sie einer Eiskunstläuferin im Training bereits sagen: »Sieh zu, dass du niemals hinfällst.« Wenn Fehlervermeidung das wichtigste Ziel ist, wird das junge Talent niemals bis ans Limit gehen. Um Grenzen zu erkennen, muss man Grenzen überschreiten – um dabei zu lernen, wo die Grenze verläuft. Radikale Innovation braucht genau dieses Denken. Experimente, deren Ausgang nicht hundertprozentig bestimmbar sind, Produkte und Dienstleistungen, die sich im Entwicklungsprozess immer wieder verändern, ein Stoppen und Innehalten und ein ständiges Hinterfragen, ob der Weg, den man eingeschlagen hat, wirklich der beste ist. Entsprechend chaotisch scheint der Prozess. Scheinbar wirr geht es drei Schritte vor und wieder zwei zurück. Dann gerät der gesamte Prozess ins Stocken, bleibt einen Monat liegen und wird wieder aufgenommen.

Beispiel Nicht anders erging es Thomas Edison, der in seinem Erfinderleben eine Reihe radikaler Innovationen umsetzte und auf dem

Markt etablierte: von der Glühbirne über den Phonographen (das erste Gerät, das eine menschliche Stimme aufnehmen konnte) bis zur ersten Filmkamera als Grundlage für die heutige Filmindustrie: Jeder dieser Prozesse zog sich länger hin, als Edison es am Anfang geplant hatte. Und fast jeder dieser Prozesse verlief anders als ursprünglich angedacht. Als Edison den Phonographen entwickelte, sah er darin eigentlich ein Bürogerät, das Sekretärinnen beim Diktat helfen sollte. Heraus kam der MP3-Player des ausgehenden 19. Jahrhunderts: ein Gerät, das in vielen Haushalten zur Unterhaltung genutzt wurde. Edison erfand auch gleich das passende Geschäftsmodell dazu: In seinen Studios wurden die ersten Unterhaltungsaufnahmen der Geschichte gemacht. Edison ist damit gleichermaßen der Erfinder des Phonographen wie auch der Erfinder der Musikindustrie. Einzig: Er hatte niemals damit gerechnet. Eigentlich hatte er doch nur ein Aufnahmegerät für Sekretärinnen entwickeln wollen ...

Radikale Innovationen sind ihrer Zeit häufig weit voraus. Entsprechend ist es nichts Ungewöhnliches, wenn die Entwicklung zwischendurch für einige Monate, mitunter sogar einige Jahre pausiert und dann wieder aufgenommen wird. Man mag das für chaotisch und ziellos halten. Doch das ist es mitnichten. Der Unterschied ist: Während in klar strukturierten, linearen Abläufen der Prozess im Vordergrund steht, ist es bei radikalen Innovationen das Ziel. Der Prozess selbst spielt gerade in den Unsicherheitsphasen am Anfang kaum eine Rolle.

Der Umgang mit dem Faktor »Z«: Zufall

Ein letzter, nicht unwichtiger Grund für die Diskontinuität radikaler Innovationen ist der Zufall. Sowohl der negative als auch der positive. Negativ, weil sich Pläne immer wieder zerschlagen, sich technische Hürden als unüberwindbar erweisen oder Vermarktungsmodelle in der Praxis nicht so funktionieren wie auf dem Papier. Ein ständiges Umdenken ist erforderlich – nicht zuletzt, weil das Unternehmen außerhalb des bisherigen Erfahrungsschatzes agiert. Positiv, weil Sie gerade im Neuland immer wieder auf unerwartete Entdeckungen stoßen.

> *»Auf den Zufall zu bauen ist dumm – den Zufall zu nutzen ist schlau«*
> **[Unbekannter Autor]**

Es ist, als würden Sie eine fremde Stadt ohne Reiseführer bereisen und einfach nur die Augen offenhalten. Plötzlich suchen Sie nicht mehr nach der Basilika Santa Maria aus dem 17. Jahrhundert, sondern haben den Blick frei für zufällige Entdeckungen: den Künstler, der in einem kleinen Atelier in einer Seitenstraße ungewöhnliche Skulpturen herstellt, den unscheinbaren Stein am Wegesrand, der verkündet, dass sich hier um 1500 ein Prinzenpaar das erste Mal küsste, und das letzte Exemplar einer Architekturrichtung, die eigentlich seit Jahrhunderten nicht mehr existiert. So ähnlich ist radikale Innovation: eine Entdeckungsreise ohne Stadtplan und ohne Navigationssystem – zwar mit einem klaren Ziel, doch offen für viele Veränderungen.

Beispiel Innovation braucht Zufälle – das zeigt das Beispiel des Mediziners Alexander Fleming. Der Engländer experimentierte sein Leben lang mit Bakterien. Seine größte Entdeckung – das Penicillin – aber war reiner Zufall: Als er eines Tages in den Urlaub fuhr, vergaß Fleming, einige Schalen mit Krankheitserregern für Versuchszwecke kaltzustellen. Während seiner Abwesenheit bildete sich ein Schimmelpilz, der die Bakterien abtötete: der »Penicillium notatu«. Allerdings sollte sich dessen Züchtung als kompliziert erweisen – und auch jetzt kam wieder der Zufall zu Hilfe. Eine Laborassistentin entdeckte eines Tages auf einem Müllhaufen auf dem Wochenmarkt einen besonders wuchsfreudigen Schimmelpilz auf einer Melone. Nach diesem Vorbild machte sich Fleming dann an die großflächige Züchtung – und Penicillin sollte ab diesem Zeitpunkt unzähligen Menschen das Leben retten.

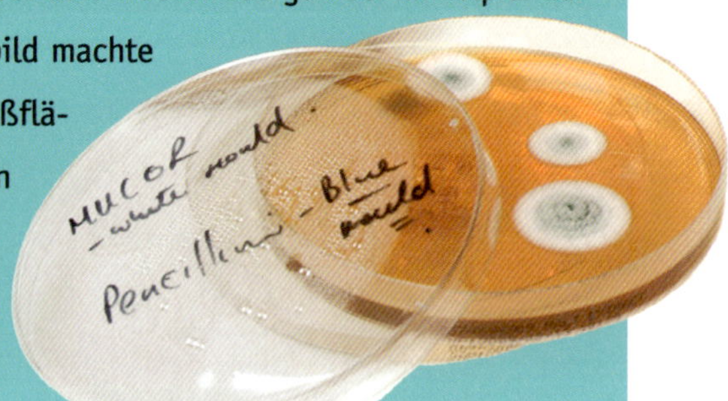

Merkmale von Unternehmen, die auf inkrementelle Innovation ausgerichtet sind	Merkmale von Unternehmen, die auf radikale Innovation ausgerichtet sind
Zu stoppen, umzukehren oder sogar noch einmal komplett neu zu beginnen – dieses Vorgehen ist eher fremd.	Vor, zurück, seitwärts, sich im Kreis drehen und trotzdem voll auf ein Ziel zusteuern: Diese Art zu denken und zu handeln ist vertraut.
Sich auf unsicherem Terrain zu bewegen, das tun Mitarbeiter und Teams nicht gerne. Am liebsten sind ihnen Situationen, in denen alle Schritte im Voraus bekannt sind.	Auf unsicherem Terrain fühlt sich das Unternehmen bzw. das Team wohl. Wenn die Mitarbeiter heute noch nicht wissen, was morgen passiert ... kein Problem.
Das Unternehmen ist nicht wirklich gut darin, auf Zufälle zu reagieren. Vor allem bei Chancen, die sich plötzlich auftun, sind die Strukturen nicht gut darin, sie aufzugreifen und zu nutzen.	Zufall spielt im Unternehmen immer eine gewisse Rolle: Die Strukturen verstehen es, plötzliche Chancen zu nutzen.

Ideengenerierung und Suche nach Chancen

Die klassische Lehre des Innovationsmanagements besagt: Am Anfang steht eine wie auch immer geartete Marktbefragung (Interviews mit Vertriebspartnern, Kundenbefragungen, Auswertungen des Kaufverhaltens etc.), dann folgen die Ideengenerierung, die Konzeptentwicklung, die Erstellung eines Businessplans, verschiedene Entscheidungsstufen und die Entwicklung der Idee hin zu einer fertigen Innovation. Kreativität und Ideen spielen nur in einer kleinen Phase eine Rolle: am Anfang. Für inkrementelle Innovationen ist das durchaus richtig.

Beispiel Wenn Sie beispielsweise ein bekanntes Produkt wie eine Haarbürste weiterentwickeln wollen, sammeln Sie am Anfang Schwächen bestehender Haarbürsten. Sie fragen Kunden, welche Probleme sie beim Kämmen haben, entwickeln daraufhin Ideen, fertigen erste Skizzen an, entwickeln einen Prototyp, geben diesen in die Marktforschung und entscheiden, ob Sie das neue Haarbürsten-Design umsetzen oder nicht. Dabei kommen Varianten heraus wie: eine Haarbürste mit zusätzlicher Gummilippe, mikrofaserumhüllte Kammborsten zur besseren Schonung der Haare, Borsten mit Massagekugeln zur Stimulierung der Kopfhaut oder ein Griff mit Haltenoppen, der beim Kämmen im feuchten Bad für besseren Halt sorgt.

Letztlich sind es Variationen des gleichen Produkts. Nicht zu unterschätzende Variationen, schließlich sorgt diese Form der Modellpflege – wie bereits beschrieben – für eine ständige Verbesserung des Produkts – und damit für stabile Marktanteile. Innovationen dieser Art können Sie nach einem kurzen Ideenfindungsworkshop weitgehend ohne zusätzliche Kreativität umsetzen.

Bei radikaler Innovation ist das anders. Das, was am Ende herauskommt, ist praktisch nie das, was Sie am Anfang dachten.

Beispiel Nehmen wir an, Sie wollen den klassischen Föhn durch eine vollkommen neue Technologie ersetzen. Dann mag am Anfang zwar ein Kundenproblem stehen, beispielsweise, dass die heiße Luft klassischer

Föhns schädlich für die Haare ist. Doch Sie haben überhaupt keine Ahnung, ob es Technologien gibt, die das besser können, ob sie vom Kunden angenommen würden und wie das Geschäftsmodell aussähe. Am Ende kann ein Hightech-Ionen-Haartrockner herauskommen, der ausschließlich über den professionellen Friseur-Handel vertrieben wird, ein fest installierter Infrarot-Pflegetrockner für zu Hause oder aber ein Mikrowellen-Ultraschall-Gerät zur Haartrocknung. Alle diese Ideen haben eines gemeinsam: Sie klingen am Anfang ziemlich seltsam. Während Sie als Haarbürstenhersteller die Variante mit der neuen Griffform relativ leicht beurteilen können und sie bereits plastisch vor sich im Regal sehen, klingen Ionen-Lösungen für Haartrockner wie eine Idee von George Lucas für Star Wars VII. Es braucht Kreativität, ernsthaft an die Beurteilung einer solchen Idee heranzugehen.

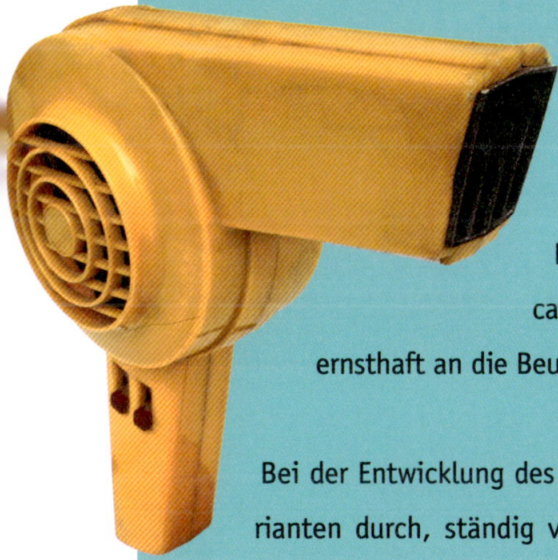

Bei der Entwicklung des Produkts müssen Sie durch unzählige Varianten durch, ständig verändert sich das Gerät. Ionen erweisen sich als wenig sinnvoll, sie werden durch andere technische Lösungen ersetzt. Bedauerlicherweise stellen Sie dann fest, dass Konsumenten mit dieser neuen Technologie etwas ganz anderes assoziieren als Sie dachten. In einem unserer Innovationsprojekte kamen Teilnehmer auf die Idee, ein Mundhygieneprodukt mit Teflon zu versehen. Der Gedanke: Am Produkt können sich weniger Bakterien ansammeln, es ist hygienischer. Medizinisch gesehen durchaus sinnvoll, doch Konsumenten reagierten entsetzt: »Da hab ich ja eine Bratpfanne im Mund!« »Igitt, das ist ja giftig!« »Da kommen ja sofort Kratzer rein, wie bei meiner Pfanne.«

Wieder geht es zurück in den kreativen Prozess. Immer wieder werden Sie an einen Punkt geraten, an dem Sie kurz davor sind, alles aufzugeben. Dann brauchen Sie neue Ideen, um diese Hindernisse zu überwinden. Diese ständigen Drehungen und Wendungen, die täglich neuen Hindernisse und der ständige Bedarf an neuen Einfällen, um das Innovationsprojekt weiterzuentwickeln, sind Merkmale radikaler Innovation. Genau das ist der Grund, warum Unternehmen mit klassischen Strukturen häufig nicht in der Lage sind, radikale Innovation wirklich voranzutreiben. Ideengenerierung hat einen festen Platz zu Beginn des Prozesses: Die Ideen, die zur Umsetzung benötigt werden, fehlen.

Merkmale von Unternehmen, die auf inkrementelle Innovation ausgerichtet sind	**Merkmale von Unternehmen, die auf radikale Innovation ausgerichtet sind**
Wenn es Probleme und Schwierigkeiten gibt, kommt der gesamte Entwicklungsprozess ins Stocken.	Wenn es Schwierigkeiten und Probleme gibt, werden diese schnell und flexibel mit pfiffigen, quer gedachten Lösungen überwunden.
In Projekt-Meetings wird viel geplant und diskutiert, es fließen wenig neue Ideen.	In Projekt-Meetings werden Probleme angesprochen und ständig neue Ideen entwickelt, um sie zu überwinden.
In Teams finden sich vor allem prozessorientierte Projektmanager, wenige Ideensprudel, die ständig neue Gedanken entwickeln.	In Projekt-Teams finden sich zahlreiche Ideensprudel, die Problemen mit vielen kreativen Ideen begegnen.
Probleme sind ein Schreckgespenst. Lieber nicht. Erprobte, sichere Lösungen sind lieber gesehen.	Probleme, ja bitte! Je größer, desto besser! Probleme sind Herausforderungen, die diese Unternehmen überwinden wollen.

Der Prozess

Inkrementelle Innovation können Sie durch einen formalen, genehmigten Prozess steuern. Er ist in klar voneinander getrennte Stufen unterteilt. Es gibt klare Anweisungen, Regeln und Zuständigkeiten. Bei radikaler Innovation funktioniert dies nicht. Jedenfalls nicht am Anfang. Erst später spielt der Prozess eine Rolle – wenn es darum geht, Innovationen in ein Unternehmen und dessen Abläufe zu integrieren. Zu diesem Zeitpunkt ist das Konzept bereits fertig entwickelt, getestet und als Prototyp umgesetzt. Das Anfangsstadium radikaler Innovation hingegen verläuft viel zu spontan und situativ, um es in einen klaren Prozess zu fassen. Vielleicht denken Sie: »Was für ein Chaos!« Dann übersehen Sie einen großen Unterschied: Zwischen »chaotisch« und »spontan und situativ« gibt es einen großen Unterschied.

Chaotisch	Spontan und situativ
Die linke Hand weiß nicht, was die rechte tut. Alles wird ständig umgeworfen, scheinbar ohne jedes Ziel. Absprachen werden nicht eingehalten, Termine verschlafen, niemand ist für irgendetwas verantwortlich.	Das Ziel ist bekannt, der Weg dahin verläuft jedoch nicht geradeaus, sondern sprunghaft: drei Schritte vor, zwei zurück, einen nach links, einen nach rechts, drei Mal im Kreis gedreht und wieder zurück auf Anfang. Dann einen völlig neuen Weg einschlagen.

Nicht umsonst sucht Amazon-Chef Jeff Bezos nach Mitarbeitern, die es lieben, in Sackgassen zu landen, sich dort zu verrennen und selbstständig wieder herauszukommen. Im spontanen und situativen Prozess haben alle Beteiligten das Ziel stets vor Augen, doch sie springen ständig zwischen verschiedenen Lösungswegen hin und her. Für einen außenstehenden Betrachter wirkt das mitunter irritierend – man kommt sich schnell vor wie im Irrenhaus. Doch der scheinbare »Irrsinn« hat Methode: Das spontane und situative Vorgehen hilft, so viele Lösungs- und Entwicklungswege in kürzester Zeit auszutesten, so viele Feedback- und Verbesserungsschleifen wie möglich zu drehen. Es geht darum, am Ende das bestmögliche Ergebnis zu erzielen und das Ziel zu erreichen. Beim spontanen und situativen Vorgehen kommt es sogar häufiger einmal vor, dass sich Ziele ändern. Aber das geschieht nicht, weil das Team nicht weiß, was es tut, sondern weil sich aus der speziellen Arbeitsweise heraus neue, Erfolg versprechendere Chancen ergeben.

Merkmale von Unternehmen, die auf inkrementelle Innovation ausgerichtet sind	**Merkmale von Unternehmen, die auf radikale Innovation ausgerichtet sind**
Regeln und Abläufe müssen strikt eingehalten werden.	Regeln und Abläufe können – wenn es Sinn macht – umgangen werden.
Regeln einzuhalten ist wichtiger als Ergebnisse zu erzielen.	Ergebnisse zu erzielen ist wichtiger als Regeln einzuhalten.
Spontanes und situatives Arbeiten macht Angst, klar definierte Prozesse sorgen für Sicherheit.	Spontanes und situatives Arbeiten macht Mut: Der Kopf ist frei, die Ideen sprudeln.
Chaotisch wirkende und intuitive Phasen sind dem Management suspekt.	Dem Management ist bewusst, dass kreatives Arbeiten scheinbar chaotische Phasen braucht.

Business-Case

Bei inkrementeller Innovation ist der Faktor Unsicherheit relativ gering. Bereits am Anfang kann ein detaillierter Businessplan erstellt werden, in dem Risiken sauber analysiert und Umsätze relativ präzise prognostiziert werden. In der Regel kennen Sie bereits den Markt, die Kunden, das Produkt und die Vertriebswege. Bei radikaler Innovation ist das anders. Der Markt existiert mitunter noch nicht einmal, das Produkt ist unklar, das Geschäftsmodell nicht sicher, selbst die Kundengruppen sind nicht genau bekannt. Intuitiv haben Sie das Gefühl, dass hier ein Geschäft möglich sein könnte, beispielsweise weil Sie Einblicke in die technische Entwicklung der kommenden Jahre haben.

Beispiel Karstadt, Quelle und Amazon lagen Ende der 90er-Jahre genau die gleichen Marktforschungsinformationen vor. Computer waren damals auf dem Vormarsch. Laut der Allensbacher Computer- und Telekommunikationsanalyse aus dem Jahr 1998 war in Deutschland die Zahl derer, die daheim über einen PC verfügten, innerhalb eines Jahres von 26 auf 31 Prozent gestiegen. Weitere elf Prozent planten, innerhalb der nächsten zwei Jahre einen Computer zu kaufen. Noch rasanter wuchs damals die Zahl der Internetnutzer. Innerhalb eines einzigen Jahres nutzten 40 Prozent mehr Deutsche Online-Dienstleistungen als noch im Vorjahr. Zugegeben, die Zahl war mit 14 Prozent trotzdem noch recht gering – und 87 Prozent der Deutschen sagten zum damaligen Zeitpunkt, dass sie niemals im Internet einkaufen würden. Einen Business-Case zu rechnen war praktisch unmöglich.

Amazon-Chef Jeff Bezos wagte den Schritt trotzdem – aus dem Gefühl heraus, dass die Bedeutung des Internets wachsen werde. Momentane Kundenstimmungen waren für ihn zweitrangig, vielmehr beobachtete er folgende Trends: Eine wachsende Zahl an Internetanschlüssen, wesentlich schnellere Verbindungen wie DSL, die zunehmende Bedeutung von Flatrates als Zugang zum Internet und die Fortentwicklung der Sicherheitstechnologie (Einkaufen mit Kreditkarte wurde sicherer), die Bestrebungen anderer Branchen, Alltagsgeschäfte über das Internet abzuwickeln (beispielsweise Bankgeschäfte), und eine wachsende Zahl vor allem junger Menschen, die die neuen Technologien zu nutzen begannen. Daraus schloss Bezos, dass das Internet extrem hohe Chancen bieten werde, auch wenn es zu diesem Zeitpunkt noch beinahe unmöglich war, einen genauen Business-Case zu rechnen. In großen etablierten Unternehmen hingegen sind Produktmanager häufig lange damit beschäftigt, Businesspläne zu rechnen, wohl wissend, dass sie die Genauigkeit von Grimms Märchen aufweisen.

Innovationen scheitern daran, dass ein gutes Bauchgefühl nicht ausreicht. Ohne scheinbar perfekt durchgerechneten Businessplan kein Projekt. In 90 Prozent aller Fälle ist dieses Denken richtig. Doch für Unternehmen, die große Innovationssprünge machen wollen, ist es schädlich. Natürlich haben auch sie Business-Pläne, aber sie legen den Schwerpunkt auf die Vision, Annahmen über potenzielle Märkte und beschreiben vor allem den Kundennutzen sehr genau.

»Ich frage nie die Buchhaltung, bevor ich ein Geschäft anfange.«
[Richard Branson, Gründer und CEO von Virgin]

Merkmale von Unternehmen, die auf inkrementelle Innovation ausgerichtet sind	Merkmale von Unternehmen, die auf radikale Innovation ausgerichtet sind
Am Businessplan geht kein Weg vorbei: Zahlen, Daten, Fakten. Das sind die Grundlagen der Innovationsstrategie.	Ein gut begründetes Bauchgefühl ist mitunter genauso wichtig und wird genauso anerkannt wie ein solide durchgerechneter Businessplan.
Ein Businessplan vermittelt das Gefühl von Sicherheit. Er dient vor allem der Absicherung.	Bauchgefühl kann täuschen. Businesspläne aber auch. Das Top-Management weiß das.
Im Unternehmen glauben alle an die Macht von Excel-Tabellen und PowerPoint-Folien. Wenn es solide aussieht, ist es auch wahr.	Excel-Tabellen und PowerPoint-Folien werden verwendet, aber sie sind nicht allmächtig. Visionen, Leidenschaft und Energie sind wichtiger.

Die Player/das Team

Im Innovationsmanagement hat sich die Arbeit mit fachübergreifenden Teams durchgesetzt. Produkte werden von Mitarbeitern der Produktion, der Entwicklung sowie des Marketings in vielen Fällen gemeinsam entwickelt. Sie bringen verschiedene Perspektiven von vornherein in den Entwicklungsprozess ein, sorgen dafür, dass die Einführung eines neuen Produktes nicht daran scheitert, dass die Entwicklung zu »technikverliebt« war oder ausschließlich aus Marktsicht ohne Rücksicht auf technische Machbarkeit vorangetrieben wird. Fachübergreifende Teams haben sich vor allem in frühen Entwicklungsphasen bewährt. Allerdings ist es für die Entwicklung radikaler Innovation häufig nicht ausreichend, einfach nur Mitarbeiter verschiedener Unternehmenseinheiten zusammenarbeiten zu lassen. Denn obwohl sie aus verschiedenen Bereichen stammen, unterliegen sie oft den gleichen Sichtweisen auf die Branche, schätzen die Funktionsweise des Marktes ähnlich ein und teilen herrschende Annahmen über die Zielgruppe.

Vielmehr brauchen Entwicklungsteams radikaler Innovation im Anfangsstadium den Blick des Außenseiters, das Unvoreingenommene und zusätzliche Expertise. Entsprechend schreibt Leifer, dass Schlüsselfiguren in den frühen Projektphasen kommen und gehen. Viele von ihnen sind Teil eines informellen Netzwerkes rund um das Projekt, es sind eher fachübergreifende Menschen als Spezialisten. Die Mitglieder dieses Netzwerks ergänzen das Innovation Ecosystem eines Unternehmens, in der Phase der Innovationsentwicklung gehören sie sogar dazu.

Merkmale von Unternehmen, die auf inkrementelle Innovation ausgerichtet sind	Merkmale von Unternehmen, die auf radikale Innovation ausgerichtet sind
Im Unternehmen ist es überhaupt nicht üblich, mit Außenstehenden zusammenzuarbeiten.	Das Unternehmen arbeitet sehr viel mit Außenstehenden zusammen, auch auf temporärer Basis.
Inspirierende Kontakte nach »draußen« gibt es nur wenige. Ein Katalysatorennetzwerk ist praktisch nicht existent.	Team und Mitarbeiter verfügen über exzellente Beziehungen zu Menschen, die als Katalysatoren für den Innovationsprozess dienen können.
Es gibt wenige Vorstellungen davon, was andere Sichtweisen und Perspektiven zum Entwicklungsprozess positiv beitragen können.	Die Erfahrung, dass andere Sichtweisen zu neuen Ideen führen, ist etabliert.

Organisationsstrukturen

Inkrementelle Innovation lässt sich häufig gut mit dem Tagesgeschäft vereinen. Sie berufen regelmäßig Meetings mit den fachübergreifenden Teams ein, besprechen den Entwicklungsstand und arbeiten die Projektinhalte anschließend beinahe im Rahmen ihres Tagesgeschäfts ab. Das ist problemlos möglich, weil inkrementelle Innovation – wie bereits erwähnt – der gleichen Logik folgt wie viele andere Geschäftsprozesse: ein klarer planbarer Ablauf. Doch radikale Innovation und Tagesgeschäft vertragen sich häufig leider überhaupt nicht. Stellen Sie sich vor, Walt Disney hätte als Innovationsbeauftragter eines Entertainment-Konzerns zwischen dem Businessplan-Meeting, der Geschäftsfeldstrategie-Besprechung und drei Personalgesprächen Mickey Mouse erfinden sollen. Zum damaligen Zeitpunkt eine Innovation, an die niemand geglaubt hat.

> *»All our dreams can come true, if we only have the courage to pursue them.«*
> **[Walt Disney, 1901–1966, Filmproduzent]**

Oder er hätte seinen ersten Animationsspielfilm »Schneewittchen« konzipieren sollen, während die gesamte Entertainment-Branche der Meinung war, dass Comics in Spielfilmlänge niemals funktionieren würden. Disney brauchte seine gesamte mentale Energie, um sich dem Projekt zu widmen. Er musste Kino-Besitzer persönlich überzeugen, Mickey Mouse ins Programm zu nehmen, und den Zweiflern in seinem Umfeld klarmachen, dass

»Schneewittchen und die sieben Zwerge« ein großer Erfolg wird. Eine Revolution leiten Sie nicht vom Schreibtisch aus. Jedenfalls nicht, wenn Sie damit beschäftigt sind, 90 Prozent des Tages mit Routineaufgaben zu verbringen.

Beispiel Radikale Innovationsprojekte starten an verschiedenen Stellen des Unternehmens: In einem unserer Prozesse war es der Geschäftsführer einer Niederlassung, also die dritte Führungsebene. In anderen Fällen begann das Projekt in einer Arbeitsgruppe, die niemand stoppte, bis es präsentationsreif war. Und beim Reiseveranstalter Thomas Cook starten radikale IT-Innovationen häufig in einer der Unterfirmen: bei Bucher-Reisen, einem Lastminute-Experten. Bucher gilt intern als das Silicon Valley des Konzerns. Der Grundgedanke: Wenn es hier schiefgeht, ist der Schaden relativ begrenzt. Unter anderem wurde hier die Grundlage für eine technologische Revolution der Reisebranche gelegt: Früher bündelten Reiseveranstalter Angebote Monate im Voraus, jetzt werden die Pakete direkt bei der Buchung zusammengestellt.

Radikale Innovationsprojekte nehmen häufig eigenartige Wege, die schwer vorherzubestimmen sind.

- **Variante 1:** Es findet sich schnell ein Sponsor im Top-Management, der vom Projekt begeistert ist, es unterstützt und Mitgliedern des Teams den notwendigen Freiraum gibt.
- **Variante 2:** Es ist ein U-Boot-Projekt (mehr dazu später), das – unbemerkt von der Geschäftsführung – an verschiedenen Stellen des Unternehmens immer mal wieder auftaucht, dort weiterentwickelt wird, um dann schließlich präsentiert zu werden.
- **Variante 3:** Ein Mitarbeiter hat eine Idee, will sie vorantreiben und hält trotz aller Schwierigkeiten energisch daran fest. Schließlich droht er, das Unternehmen zu verlassen und sich selbstständig zu machen.
- **Variante 4:** Sie gründen ein internes Start-up und nutzen die Vorteile eines etablierten Unternehmens sowie einer jungen, flexiblen »Neugründung«.

Radikale Innovation braucht eine bestimmte Art von Inkubatorenorganisation: Vergleichbar mit Gewächshäusern, in denen Mitarbeiter eigenverantwortlich wie Unternehmer handeln und weitgehend ungestört vom Alltagsgeschäft ihre Innovationen verfolgen können. Oder sogar eigenständige Firmen, die ausgegründet und vom Mutterkonzern finanziell unterstützt werden.

Merkmale von Unternehmen, die auf inkrementelle Innovation ausgerichtet sind	Merkmale von Unternehmen, die auf radikale Innovation ausgerichtet sind
Mitarbeiter für Innovationsprojekte vollständig freistellen? Undenkbar. Unabhängige interne Teams? Noch nie gemacht, das wird schwer!	Teams, die unabhängig arbeiten und nicht jeden Schritt genehmigen lassen müssen, sind Standard.
Der Gedanke einer Ausgründung, gar einer eigenständigen Firma, ist vollkommen fremd.	Das Unternehmen ist offen für Ausgründungskonzepte oder wendet sie bereits an.
Es gibt keine bzw. nur wenige Mitarbeiter, die unternehmerisch denken und solche Projekte energisch vorantreiben können.	Es gibt Mitarbeiter im Unternehmen, die den unternehmerischen Drive und die Energie mitbringen, solche Projekte voranzutreiben.

2 Innovation Greenhouses

Die größte Schwierigkeit bei der Entwicklung radikaler Innovationen besteht darin, den schmalen Grat zwischen inkrementeller Innovation und Utopie zu finden. Es ist einfach, von einem fliegenden Auto zu träumen, einem Teppichboden, der seine Farbe an die Emotionen des Benutzers anpasst, oder einem Joghurt, der alle Krankheiten dieser Welt heilt. Doch zwischen radikaler Innovation und (derzeitiger) Utopie besteht ein entscheidender Unterschied: Auch wenn Innovation radikal ist und auch wenn am Anfang noch nicht genau abzusehen ist, was am Ende dabei herauskommt – es geht letztlich darum, Innovation innerhalb eines vertretbaren Zeitrahmens zum Erfolg zu führen.

Die Methodik der Innovation Greenhouses, die Sie in den nächsten beiden Kapiteln kennenlernen werden, hat genau das zum Ziel: Systematisch radikale Innovationen zu entwickeln, die trotz aller Radikalität realistisch umsetzbar sind. Innovationen, die auf dem aufbauen, was Sie können, und Ihnen dadurch einen dauerhaften Wettbewerbsvorteil verschaffen. Und denen durch eine andere Art der Marktforschung versteckte Kundenbedürfnisse zugrunde liegen, von denen Sie mithilfe klassischer Ansätze niemals erfahren hätten.

Innovationen, die zukunftssicher sind, weil ihnen fundierte Trends zugrunde liegen, und die mit kleinen wendigen Start-up-Teams entwickelt werden, die leidenschaftlich und fokussiert ihre Ziele verfolgen.

Dem Ansatz der Innovation Greenhouses liegen wissenschaftliche Erkenntnisse zugrunde, die sich in zahlreichen Innovationsprojekten – siehe etwa das Beispiel der DHL Packstationen – bewährt haben, weil sie zwei wesentliche Faktoren geschickt miteinander verknüpfen: Sie kombinieren die Vorteile kleiner wendiger Strukturen mit denen großer Unternehmen. Wenn Sie das Innovation Ecosystem Ihres Unternehmens verstehen, die Saat für künftiges Wachstum identifizieren und mithilfe von Innovation Greenhouses entwickeln, können Sie das Beste aus beiden Welten nutzen.

Das Innovation Ecosystem Ihres Unternehmens

3

Der beste radikale Innovator ist bis heute die Natur. Ob es der Mimic Octopus ist, ein Tintenfisch, der im Bruchteil einer Sekunde seine Farbe ändern, die Gestalt einer Flunder annehmen oder sich als Seespinne tarnen kann, die Organisation eines Ameisenhaufens oder Pflanzen, die monatelang in der trockenen Wüstenhitze überleben können, bevor sie wieder anfangen zu blühen. Diese radikalen Innovationen entstanden ohne Prozess, ohne Bewertungskriterien und ohne Innovationsmanager. Ob Tiere oder Pflanzen – der Innovator Natur hat ein Umfeld geschaffen, in dem sich Neues basierend auf den Stärken jedes Individuums durchsetzen kann.

Auch Märkte und Unternehmen sind Ökosysteme – bestehend aus unterschiedlichsten Individuen und Gruppen, die ihre jeweiligen eigenen Strategien und Ziele verfolgen, deren Wertmuster sich voneinander unterscheiden und die über unterschiedlichste Fähigkeiten und Erfahrungen verfügen. Wenn Sie Ihr Innovation Ecosystem kennen, verstehen Sie, auf welchen Nährboden Innovation in Ihrem Unternehmen fällt.

Das Innovation Ecosystem Ihres Unternehmens hat zwei wesentliche Hauptkomponenten:

- **Der Nährboden – Ihre Innovationskultur:** Die Analyse Ihrer Innovationskultur zeigt Ihnen auf, welche Art von Innovation die Ausrichtung Ihres Unternehmens, die etablierten

Führungsstile und das kreative Umfeld aktuell begünstigt. Dazu analysieren Sie Ihre Innovationskultur anhand von zehn wissenschaftlich abgesicherten Kriterien, die aus über fünfzig internationalen Studien zusammengetragen wurden. Im Kern steht die Frage: Wie gut sind wir in der Lage, radikale Innovation voranzutreiben und am Ende wirklich umzusetzen?

- **Das Umfeld – Ihr Innovationsnetzwerk:** Wenn Sie den Blick nur auf Ihre internen Ressourcen richten, verpassen Sie die Chancen, die sich aus einer engen Zusammenarbeit mit Kunden, Partnern, Lieferanten oder Experten ergeben. Die Analyse Ihres Ökosystems zeigt Ihnen auf, welche Ressourcen Sie außerhalb Ihres Unternehmens schnell und effektiv nutzen können.

Durch die Analyse Ihres Innovation Ecosystem entwickeln Sie von der ersten Sekunde an Innovationen, die Sie später auch umsetzen können, beziehungsweise Sie erkennen in den verschiedenen Phasen später sofort, was Ihnen zur Umsetzung fehlt. Mitbewerber können Sie nicht so schnell kopieren. Ihre Ideen können gestohlen werden, Ihre Stärken nicht. Sie erfahren, wie Sie Ihr Unternehmen weiterentwickeln müssen, damit Ihre Innovationsprojekte erfolgreich umgesetzt werden können.

Ihre Innovationskultur – Der Nährboden für radikale Innovation

Menschen, die radikale Innovation vorantreiben, denken anders und handeln anders. Stillstand ist für sie ein Grauen, Veränderung eines der höchsten Güter und sie haben Spaß daran, etablierte Strukturen aufzubrechen. Selbst wenn Sie die perfekten Innovationsstrukturen für radikale Innovation hätten, aber keine wild entschlossenen Menschen, die diese Innovationen vorantreiben, hätten die Projekte wenig Aussicht auf Erfolg. Haben Sie diese Menschen in Ihrem Unternehmen? Haben Sie die Strukturen verankert, die Sie brauchen, um radikale Innovation voranzutreiben? Die Analyse Ihrer Innovationskultur zeigt Ihnen, wo Sie stehen.

»A cat in gloves catches no mice«

[Benjamin Franklin, 1706 – 1790, Gründervater der USA]

In den vergangenen zwanzig Jahren gab es zahlreiche wissenschaftliche Forschungsarbeiten, die sich mit der Frage beschäftigten, welche Unternehmenskultur Innovationen – und hier vor allem weitreichendere, das heißt radikalere – fördert. Basierend auf mehr als fünfzig internationalen Studien lassen sich drei Hauptkomponenten für eine Innovationskultur ableiten:

- Die Ausrichtung eines Unternehmens beziehungsweise Unternehmensteils, die sich in Strategien, etablierten Werten und verankerten Strukturen zeigt,
- die Art, wie Führungskräfte Mitarbeiter und Teams durch katalysatorische Führung zu neuen Ideen führen, sei es durch ihre Führungsstile, die Ressourcen, die sie zur Verfügung stellen, die Komposition von Teams sowie Anreize, die Mitarbeitern gegeben werden, sowie
- das kreative Umfeld, das durch die Art der Kommunikation, die im Unternehmen beziehungsweise in einer Unternehmenseinheit vorherrschende Risikokultur und die Atmosphäre gekennzeichnet ist.

Auf den nächsten Seiten lernen Sie die Komponenten einer Kultur kennen, die radikale Innovation fördert.

Die verschiedenen Kapitel werden um Ergebnisse der Studie »Erfolgsfaktor Innovationskultur – das Innovationsmanagement der Zukunft« ergänzt, die wir 2011 durchgeführt haben und die wie dieses Buch im Verlag BusinessVillage erschienen ist. Für die Studie haben wir knapp zweihundert Geschäftsführer, Vorstände, Leiter aus den Abteilungen Business Development, Innovationsmanagement und Ideenmanagement befragt, dazu leitende Mitarbeiter aus Kommunikationsbereichen wie Marketing und PR, die stark im Bereich Innovation involviert sind. 38 Prozent der befragten Unternehmen haben zwischen 50 und 1.000 Mitarbeiter, 32 Prozent zwischen 1.001 und 10.000, 30 Prozent mehr als 10.000. Knapp 43 Prozent der Befragten gehören zum Top-Management der ersten bis dritten Führungsebene. Die Unternehmen sind über dreizehn Branchen verteilt. Wir haben bewusst einen »Innovation Leader«-Ansatz gewählt: Wir wollten herausbekommen, welche versteckten Innovationshindernisse in den Unternehmen existieren, die sich bereits aktiv mit Innovation auseinandersetzen. Und wir wollten erfahren, welche Faktoren Top-Innovatoren von anderen unterscheiden. Die Ergebnisse dieser Studie, die in das folgende Kapitel einfließen, geben Ihnen einen guten Eindruck von der Innovationskultur, die radikale Innovation braucht.

Die strategische Ausrichtung eines Unternehmens

Unternehmen, die das Ziel haben, radikale Innovationen im Markt zu etablieren, haben andere strategische Ziele als Unternehmen, die vor allem darauf bedacht sind, vorhandene Produkte zu optimieren oder leicht verbesserte Varianten dieser Produkte auf den Markt zu bringen. Der erste und zentrale Baustein – die Strategie – setzt die Grundlage dafür, ob ein Unternehmen wirklich bereit ist, radikale Innovationen voranzutreiben. Ohne diese Ziele ist ein Unternehmen zwar theoretisch in der Lage, Ideen zu generieren und sie zu Konzepten weiterzuentwickeln. Doch spätestens wenn es an die Finanzierung von risikobehafteten Projekten geht, scheitern Unternehmen, die radikale Innovation nicht als konsequentes strategisches Ziel verankert haben.

Beispiel **Wie Sergio Marchionne Fiat auf radikal trimmte. Radikale Durchbrüche als strategisches Ziel.** Als Sergio Marchionne 2004 die Führung des angeschlagenen Fiat-Konzerns übernahm, verordnete er dem Unternehmen das, was er als »Politik der Durchbrüche« bezeichnete. Etwas anderes hätte zu diesem Zeitpunkt kaum noch etwas genützt. Im Jahr 2004 stand Fiat kurz vor dem Bankrott. Die Unternehmensgruppe verlor mehr als 1 Milliarde Dollar in diesem Jahr. Marchionne hatte nichts Geringeres zum Ziel, als das Unternehmen von Grund auf neu zu erfinden.

Fünf Jahre nach seinem Amtsantritt entwickelte sich Fiat zu einer der erstaunlichsten Erfolgsgeschichten der Automobilgeschichte. Der Fiat 500 wurde zum Auto des Jahres gewählt – Marchionne hatte das Kultauto von einst neu erfunden. In Krisenzeiten bringe eine inkrementelle Philosophie ein Unternehmen nicht weiter, sagte Marchionne. Für seine Politik der Durchbrüche verlangte er von seinen Managern, harte Entscheidungen zu treffen und Risiken einzugehen, statt den Wegen zu folgen, die das Unternehmen in der Vergangenheit erfolgreich gemacht hatten.

Visionäre Unternehmensziele sind die Treiber einer Innovationskultur. Solche visionären Ziele finden sich auch in anderen hoch innovativen Unternehmen, die in den vergangenen Jahren durch radikale Innovationen erfolgreich geworden sind. Die Unternehmensziele gehen häufig mit den Lebenszielen der Gründer oder Vorstände einher: »Natürlich möchte jeder erfolgreich sein, doch ich möchte, dass man auf mich zurückblickt als jemanden, der sehr innovativ war, sehr glaubwürdig und ethisch und der letztlich die Welt stark verändert hat«, sagte Google-Gründer Sergey Brin dem amerikanischen Sender ABC über seine persönliche Motivation.

> *»My goal wasn't to make a ton of money. It was to build good computers.«*
>
> **[Steve Wozniak, Apple-Mitbegründer]**

Die strategischen Ziele von Unternehmen beziehungsweise Unternehmenseinheiten, die radikale Innovationen vorantreiben, liegen jenseits der klassischen Unternehmensziele, die in vielen Unternehmen darin bestehen, den Return on Investment zu steigern oder einen erfolgreichen Quartalsabschluss zu haben.

Beispiel Einmal jährlich verleiht Nestlé Deutschland den Henri Nestlé Award für Innovationen. Dabei werden die Innovationen des Konzerns ausgezeichnet, die der Innovationsphilosophie von Nestlé entsprechen: Sie müssen »bigger« sein, das heißt für Wachstum sorgen, »bolder« im Sinne von mutig und »better«, das heißt Sie müssen den Kundennutzen

79.256

deutlich erhöhen. Die ideale Nestlé-Innovation ist revolutionär, verfügt über eine extrem hohe Qualität und bringt nach ihrer Entwicklungsphase sehr gute finanzielle Ergebnisse. »Dass diese drei Eigenschaften in der Realität nicht immer miteinander zu vereinen sind, ist uns klar,« sagt Adrienne Héon-Kleinen, Leiterin des zentralen Innovationsmanagements von Nestlé. »Die neue, noch bessere Pizza-Rezeptur bringt häufig schneller wachsende Marktanteile als ein revolutionäres neues Geschäftskonzept.« Beim Henri Nestlé Award hat das Unternehmen deshalb Wert darauf gelegt, nicht nur die Konzepte auszuzeichnen, die schnellen wirtschaftlichen Erfolg versprachen, sondern bewusst auch die, die »bolder« gedacht waren.

Eine der radikalen Innovationen des Konzerns ist OPTIFAST, ein Konzept zur langfristigen Behandlung von Übergewicht, das Menschen hilft, einfacher und schneller abzunehmen. Es gibt verschiedene Programme, die zwischen mehreren Wochen und mehreren Monaten variieren. Das Programm ist durch eine Langzeitstudie mit über 8.000 Teilnehmern wissenschaftlich belegt. »Für Nestlé ist OPTIFAST ein zukunftsweisender Ansatz«, sagt Jury-Mitglied Hubert Stücke, Leiter Finanzen und Controlling. »Es geht darum, nicht nur Nahrungsmittel, sondern Ernährungslösungen zu verkaufen. Wir lernen, wie man solche radikale Innovationen im Markt platziert und wie sie angenommen werden.«

Im Vergleich zu den inkrementellen Innovationen sind die Umsätze von OPTIFAST äußerst überschaubar. Dennoch bekam OPTIFAST einen Sonderpreis für den Mut, ein für den Konzern radikales neues Geschäftsmodell zu wagen.

In unserer Studie sagten 38 Prozent der von uns befragten Unternehmen, dass sie visionäre Ziele haben. Die Mehrheit hingegen – nämlich 62 Prozent – ist eher operativ ausgerichtet. Unternehmen, die auch in ihren Innovationsabteilungen eher die Optimierung des Bestehenden – das heißt operative Ziele – verfolgen, haben nicht die richtige Grundlage für radikale Innovation.

Wie ist Ihr Unternehmen ausgerichtet? Stehen operative Ziele im Vordergrund? Oder haben Sie weitreichende visionäre Ziele? Verfolgen Sie das Ziel, bahnbrechende neue Produkte, Dienstleistungen, Geschäftsmodelle oder Prozesse zu entwickeln? Kennen alle Ihre Mitarbeiter diese visionären Ziele und haben Sie sie verinnerlicht?

Die Werte, die radikale Innovation unterstützen

Wer in Bielefeld die Eingangshalle von Schüco betritt, stößt auf folgende Sätze: »›Nein‹ oder ›geht nicht‹ ist Herausforderung, Widerstände und Schwierigkeiten zu überwinden. Lieber einen mutigen Plan knapp verfehlen, als minimalistisches Sicherheitsdenken hinnehmen.« Der Wert, mutige Ziele anzugehen und diese auch dann zu verfolgen, wenn der Erfolg noch nicht zu 100 Prozent absehbar ist, ist bei Schüco ein hoher Wert. Unternehmen, die von Innovation getrieben sind, verankern Werte in ihrem Unternehmen, die Kreativität und Unternehmergeist fördern – nicht nur Regelbefolgung und Konformität.

Shalini Khazanchi, Marianne W. Lewis und Kenneth K. Boyer haben den Einfluss von organisatorischen Werten auf die Innovationsfähigkeit des Unternehmens untersucht. »Flexibilitätsorientierte Werte fördern eine Kultur des Experimentierens und der Eigenverantwortung«, schreiben sie, »während kontrollorientierte Werte Grenzen setzen können, die das Vertrauen des Managements fördern und eine Bewertung ermöglichen.«

Kreativität und Effektivität: ein Widerspruch?

Im ersten Moment scheinen kreativitätsfördernde Werte und Werte, die Effektivität und Effizienz betonen, im Widerspruch zueinander zu stehen. Und in der Tat, so Khazanchi, Lewis und Boyer, sind die Wertesysteme hoch innovativer Unternehmen häufig widersprüchlich, »weil Flexibilität und Kontrolle in ihren zugrunde liegenden Werten koexistieren, aber auch, weil miteinander in Konflikt stehende Sichtweisen existieren, die berufliche und hierarchische Gruppen innerhalb des Unternehmens haben.«

Beispiel Der Softwarehersteller Adobe hat vier Grundprinzipien, die die Philosophie des Unternehmens verkörpern. Unter anderem heißt es: »Wir sind hochkreativ und streben danach, neue Ideen mit den Realitäten des Geschäfts zu verknüpfen.«

Im Wertesystem von Adobe ist klar erkennbar, dass Kreativität kein Selbstzweck ist, sondern immer mit den Anforderungen eines marktorientierten Unternehmens einhergeht. Genau darin liegt die von Khazanchi, Lewis und Boyer beschriebene Widersprüchlichkeit: Ein hohes Maß an Kreativität erfordert Freiheit, die Verknüpfung mit den Realitäten des Geschäfts braucht Kontrolle. Mut zum Risiko wird gefördert, der verantwortungsvolle Umgang damit kontrolliert.

Unternehmen, die radikale Innovationen entwickeln und umsetzen wollen, sind auf die Kreativität ihrer Mitarbeiter angewiesen.

Doch obwohl Kreativität und Veränderungsbereitschaft heute Eigenschaften sind, die in fast jeder Stellenanzeige zu finden sind, sind kreative Denker in der Realität nicht wirklich hoch angesehen. Dass kreatives Denken im Unternehmen hoch angesehen werde, bekräftigten nur 29 Prozent der Befragten voll und ganz beziehungsweise größtenteils. 71 Prozent aller Befragten gaben an, dass dies nur teilweise oder gar nicht der Fall sei. In jedem zehnten Unternehmen heißt es sogar: »Wer Visionen hat, gilt als Spinner.«

Wie reagiert Ihr Unternehmen, wenn Mitarbeiter Bewährtes radikal infrage stellen? Wie werden wirklich ungewöhnliche Ideen, die nicht auf Anhieb in den normalen Rahmen passen, aufgenommen? Und wie stehen Ihre Mitarbeiter zu Veränderungen? Wenn Sie auf alle diese Fragen ohne Einschränkung eine positive Antwort haben, verfügen Sie über ein Wertesystem, dass weitreichendere Innovationsaktivitäten zulässt.

Strukturen für radikale Innovation

Unternehmen, die in der Lage sind, radikale Innovationen voranzutreiben, zeichnen sich durch verschiedene Merkmale aus, die sich deutlich von den Unternehmen unterscheiden, die vor allem das operative Geschäft bewältigen wollen.

Beispiel 1998 war der damalige CEO von Samsung Yun Jong Yong frustriert: Projekte zogen sich durch unnötige Querelen und Streitereien in die Länge. Auf dem Weg von Abteilung zu Abteilung verloren die Innovationen des Konzerns massiv an Elan. Das war die Geburtsstunde des ›Value Innovation Program Center‹ einer besonders effizienten Ideenschmiede. Gelegen in Suwon nahe dem Hauptsitz, könnte man es für ein gemütliches Landschulheim halten. Über fünf Stockwerke verteilt gibt es Billardtische, Bäder, eine Küche und Schlafsäle. Aber vor allem: Projekträume. Unter extremen Bedingungen entstehen hier Konzepte für ausgewählte neue Produkte. Denn die kleinen Teams aus Designern, Ingenieuren und Programmierern verpflichten sich, solange gemeinsam im VIP-Center eingeschlossen zu bleiben, bis die Projektziele erreicht sind. Mehrere Wochen oder sogar Monate

bleiben sie abgeschirmt von der Außenwelt. Und konzentrieren sich auf die gemeinsame Ideenentwicklung.

Dem Einzug neuer Teams ins VIP Center geht meist eine offizielle Einführungszeremonie mit den Senior Executives von Samsung voraus. Dann wird das Projektziel definiert und die Teams beginnen mit der Arbeit. Marketingspezialisten, Ingenieure und Controller skizzieren ihre Vorstellungen und untermauern sie argumentativ. Oft kollidieren die Denkstile und Prioritäten, häufig erstrecken sich die Diskussionen über Design, Technologie und Marketing bis spät in die Nacht. Speziell ausgebildete Trainer im Haus fördern den kreativen Prozess – eine nahezu pädagogische Mission. Erst wenn die Teams einen Konsens formuliert haben, dürfen sie das VIP Center wieder verlassen und beginnen in ihren jeweiligen Fachbereichen mit der Ausarbeitung der Details.

Einrichtungen wie das VIP Center sind typische Beispiele von Innovationsstrukturen, wie sie in hoch innovativen Unternehmen zu finden sind. Klassisch aufgebaute Unternehmen mit ihren verschiedenen Funktionsbereichen, Abteilungen, Hierarchien und Zuständigkeiten sind nicht dafür errichtet worden, Innovation zu fördern, sondern darauf, das operative Geschäft möglichst effizient zu bewältigen. »Von Managern kann natürlich nicht erwartet werden, dass sie die Vorgaben des Geschäfts ignorieren«, schreibt Teresa Amabile von der Harvard-Universität. »Doch während sie auf diese Vorgaben zuarbeiten, entwickeln sie versehentlich Organisationen, die Kreativität zerstören.«

Flache, zum Teil fast unsichtbare Hierarchien

Bei radikaler Innovation herrscht gerade zu Beginn ein hohes Maß an Unsicherheit. In dieser Situation ist der Projektleiter beziehungsweise Manager nicht automatisch die Person, die den Kurs am besten kennt. Er muss sich darauf verlassen, dass die Teammitglieder in kürzest möglicher Zeit so viele neue Wege wie möglich ausprobieren und entscheiden, ob dieser Weg sie weiterbringt. Radikale Innovationsprojekte sind – wenn sie erfolgreich sein sollen – viel zu schnell, um mit klassischen Hierarchiekonzepten gesteuert zu werden.

Unternehmen, die radikale Innovationsprojekte verfolgen, sind nicht chaotisch. In ihnen existieren genauso klare Regeln und Abläufe wie in anderen Unternehmen. Einzig: sie werden anders ausgelegt. Wenn es Sinn macht, können Regeln und Abläufe umgangen werden. Vorgesehene Prozessschritte werden umgangen, etablierte Kommunikationskanäle außer Kraft gesetzt und Entscheidungen schnell getroffen. Der Regelbruch erfolgt nicht um des Regelbruchs willen: es geht immer darum, das bestmögliche Ziel zu erreichen.

Tipp Machen Sie folgendes Gedankenspiel: Ihr Vorstand fordert Sie auf, die Innovationsgeschwindigkeit zu verdoppeln. Statt einem Jahr haben Sie nur noch sechs Monate Zeit, statt zwei Monate nur noch einen. Mit diesem Gedanken im Hinterkopf nehmen Sie die Rolle des Kritikers ein: Fördern Ihre Strukturen Innovation wirklich optimal? Oder haben

Sie häufiger das Gefühl, dass – wie es Yun Jong Yong einst bei Samsung feststellte – Ideen in den Strukturen hängen bleiben? Erfüllen Regeln und festgeschriebene Abläufe ihren Zweck? Oder wirken sie als Innovationsbremse? Überlegen Sie, wie Sie Ihre Innovationsaktivitäten massiv beschleunigen können. Geschwindigkeit ist die Voraussetzung, um radikale Innovation vorantreiben zu können.

Etablierte Tools und Menschen, die Projekte unterstützen

Innovationsmanager sind in diesen Unternehmen keine Prozessgestalter und -verwalter, sondern coachen Innovationsteams, stellen Kontakte her und ebnen den Weg.

Beispiel Bei Google beispielsweise hat Marissa Mayer, die zahlreiche Suchprodukte des Konzerns verantwortlich entwickelt hat, diese Rolle jahrelang persönlich übernommen. Eine ihrer Hauptaufgaben bestand darin sicherzustellen, dass gute Ideen nach oben kommen und innerhalb des Unternehmens die Aufmerksamkeit bekommen, die sie benötigen, um erfolgreich zu sein. Als eine ihrer Hauptqualifikationen beschreibt die amerikanische *Businessweek* ihre Fähigkeit, sich in verschiedenen Welten zu bewegen: Sie kann sich gleichermaßen in die Denkweise von

Technikern und Ingenieuren wie auch in die von MBA-Absolventen und Produktmanagern einfühlen. Mayer hat Mitarbeiter dabei unterstützt, ihre Ideen so weit auszuarbeiten, dass sie sie dem Topmanagement vorstellen können. Dafür gab es keinen regulären Prozess: Stattdessen setzte sie sogenannte Open Office Hours, in denen einzelne Mitarbeiter oder Teams ihre Ideen vorstellen, diskutieren und bewerten lassen konnten und sich kreativen Input geben ließen. In ihrer Rolle war Mayer gleichermaßen informeller Entscheider, kreativer Sparring-Partner und Ideengeber. Seit Oktober 2010 leitet sie die geografischen und lokalen Serviceangebote und gehört zu den Top-Entscheidern des Konzerns.

Schnelle Entscheidungen über neue Ideen, Herangehensweisen und Projekte

Während bei inkrementellen Innovationen häufig die Einrichtung eines sogenannten Innovation-Boards, also einer Art Innovationskomitee, reicht, gehen Unternehmen, die radikale Innovationen entwickeln, weiter. Entscheidungen werden hier häufig auf die operative Teamebene verlegt. Das Risiko, dass falsche Entscheidungen getroffen werden, ist gering im Vergleich zu der Geschwindigkeit, die durch schnelle Entscheidungsprozesse erreicht wird. Ein einfaches Rechenbeispiel: Wenn innerhalb eines Innovationsprozesses zwanzig bedeutende und zweihundert Entscheidungen von mittlerer Bedeutung getroffen werden müssen, zählt Geschwindigkeit: wenn auf jede bedeutende Entscheidung nur fünf Tage gewartet wird, verliert das Projekt bereits hundert

Tage. Wenn jede der zweihundert Entscheidungen an einem Tag getroffen wird, verliert das Projekt zweihundert Tage. Das heißt: selbst bei Entscheidungsprozessen, die nach normalem Ermessen in Unternehmen schon relativ schnell sind, verliert ein Unternehmen knapp ein Jahr nur durch die Dauer von Entscheidungen. Ein Unternehmen, das die wesentlichen Entscheidungspunkte auf fünf reduziert, und die gesamte weitere Verantwortung in die Hände des Teams legt, bekommt einen Vorsprung von zehn bis elf Monaten. Gerade in Branchen, in denen Innovation schnell vorangetrieben werden muss, kann dieser Zeitvorsprung ein entscheidender Faktor sein.

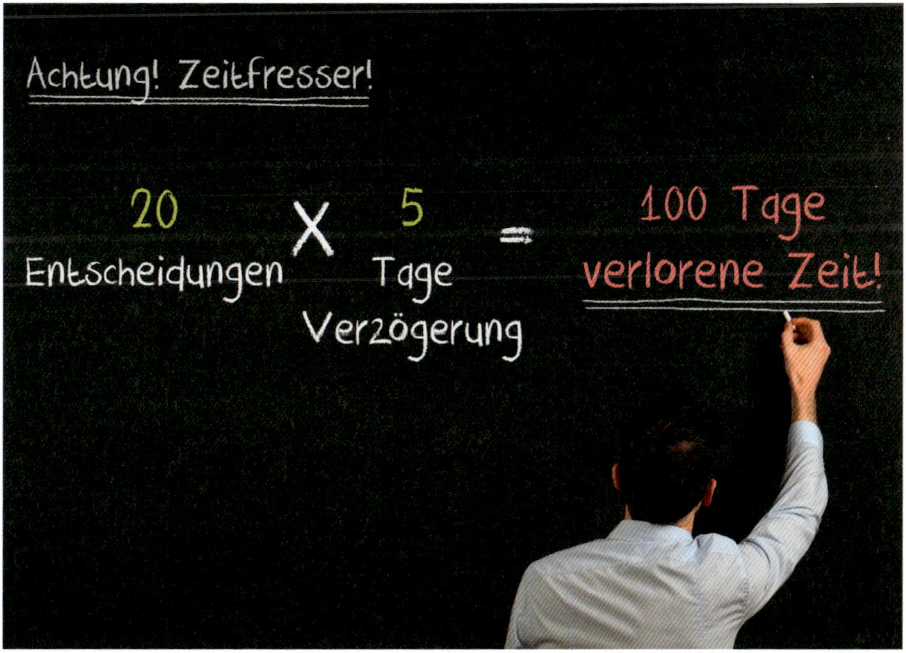

In unserer Studie stimmten der Aussage »Unsere Hierarchien sind flach, fast unsichtbar« nur 14 Prozent der Befragten voll und ganz beziehungsweise größtenteils zu. Bei 86 Prozent der Unternehmen spielen starre Hierarchien eine partielle oder sogar sehr große Rolle. Jeder dritte Befragte sagte sogar, Hierarchien seien »starr und schwer zu überwinden«. Dass innerhalb des Unternehmens »schnell über neue Ideen entschieden« wird, sehen nur 17 Prozent der Befragten voll und ganz beziehungsweise größtenteils. 83 Prozent der Befragten stimmen teilweise oder sogar voll und ganz zu, dass sich Entscheidungsprozesse in die Länge ziehen. Worauf sind Ihre Strukturen ausgelegt? Sollen sie in erster Linie das operative Geschäft fördern oder sind es Strukturen, die – wie in diesem Teilkapitel beschrieben – die Entwicklung neuer Ideen fördern? Haben Sie Entscheidungsprozesse dezentralisiert und eine hohe Geschwindigkeit etabliert oder verschwenden Sie Zeit durch lange Entscheidungswege? Viele Unternehmen etablieren sogenannte »Parallelstrukturen«, die es erlauben, beide Ziele gleichermaßen umzusetzen: Durch klassische Strukturen wird ein hohes Maß an operativer Effizienz gewährleistet, gleichzeitig arbeiten Mitarbeiter zeitweise in anderen Strukturen, die in erster Linie darauf ausgerichtet sind, Kreativität und Innovationsgeist zu fördern. Die vier Phasen radikaler Innovation, die Sie im folgenden Kapitel kennenlernen werden, sind stark vom Gedanken der Parallelstrukturen geprägt.

Katalysatorische Führung

Teams, die radikale Innovation entwickeln, müssen anders geführt werden als solche, die das Tagesgeschäft bewältigen, die Qualität verbessern oder inkrementelle Innovationen umsetzen. Führung in radikalen Innovationsprojekten lässt sich nicht mit klassischer Projektführung vergleichen, deren Ergebnisse vorhersehbar und klar berechenbar sind.

Projektführung, Führung im Rahmen inkrementeller Innovation	**Führung in Entwicklungsprojekten für radikale Innovation**
Ergebnisse sind im Wesentlichen vorher berechenbar, der Prozess kann mit Methoden des klassischen Projektmanagements geplant werden.	Es ist unsicher, ob und wann Ergebnisse erreicht werden, Prozess nur sehr eingeschränkt planbar, hoher Bedarf an Improvisation.
Vorher bekannte und definierte Kriterien für Qualität	Qualitätskriterien entwickeln sich häufig erst im kreativen Prozess.
Projektleistungen und einfache kreative Leistungen lassen sich anordnen.	Kreativität, die wirklich Neues zum Ziel hat, ist auf Befehl nur sehr eingeschränkt möglich.
Ermutigung zur Einhaltung von Prozessen und Regeln, Kontrolle der Einhaltung	Ermutigung zum intelligenten und verantwortungsvollen Regelbruch
Homogene Teams beziehungsweise fachübergreifende Teams mit Mitarbeitern aus verschiedenen Bereichen, die sich im Laufe des Prozesses nur unwesentlich verändern	Stark heterogene Teams, außer dem Kernteam wechseln Mitglieder häufig, Querdenker und Außenstehende werden einbezogen, konstruktive Konflikte.
Fokus bei der Leistungsbeurteilung auf Ergebnissen	Fokus bei Leistungsbeurteilung auf kreativen Anstrengungen

Im klassischen Projektmanagement und im Management inkrementeller Innovation ist das Ergebnis in der Regel zuvor bekannt. Wenn es darum geht, ein Haus zu bauen, sind die Bestandteile des Hauses klar, die einzelnen Arbeitsschritte lassen sich planen: vom Rohbau über den Verputz bis zur Inneneinrichtung – niemand käme auf die Idee, die Küche zu errichten, bevor der Rohbau steht. Die meisten Geschäftsprozesse sind darauf ausgelegt, klar berechenbare und planbare Ergebnisse zu erzielen. Ähnlich ist es bei einem Prozess zur Qualitätsoptimierung: das zu optimierende Produkt beziehungsweise die zu optimierende Dienstleistung ist vorher und nachher das beziehungsweise die gleiche, nur eben besser. Beim größten Teil aller Produktinnovationen ist es ähnlich: das Produkt wird schneller, besser, schicker verpackt, den Bedürfnissen des Verbrauchers eher angepasst, das Design wird überarbeitet, die Darreichungsgröße (Großpackung, Kleinpackung etc.) wird verändert. Das Produkt selbst jedoch bleibt in den meisten Fällen das, was es vorher war.

Anders bei radikaler Innovation: Sie starten mit einer Idee – oder besser gesagt mit der Vorstellung einer Idee. Diese Idee wird sich im Laufe des Projektes so sehr verändern, dass von der Ausgangsidee am Ende häufig nur noch 50 oder sogar nur 20 Prozent übrig bleiben. Dies erfordert ein anderes Führungsverhalten, über das Sie in der dritten Phase radikaler Innovation (der offensiven Phase) noch mehr lesen werden.

Beispiel Jeong-Do-Management heißt die Managementphilosophie des koreanischen Elektronikkonzerns LG, in denen die Werte des Unternehmens verankert sind. Die wichtigsten lauten: »Ehrlichkeit gegenüber unseren Kunden«, »durch konstante Innovation und die Entwicklung von Fähigkeiten Werte für unsere Kunden schaffen«, »gleiche Chancen« und »gleiche Behandlung basierend auf Fähigkeiten und Ergebnissen«. LG hat dies mit einer Innovationsphilosophie verknüpft, die das Unternehmen »Happy Change« nennt und deren wichtigste kulturelle Bausteine »Group Creativity« und »Daily Innovation« sind. LG setzt stark auf das Prinzip, Manager zu Katalysatoren für den kreativen Prozess zu machen. Eine entscheidende Vision, die das Unternehmen damit verknüpft: »Hit Product Development«, die Entwicklung radikaler Produktinnovationen.

Führungskräfte in radikalen Innovationsprozessen sind weniger klassische Kontrolleure als vielmehr Motivatoren und bestenfalls sogar Visionäre. Sie müssen in der Lage sein, andere »anzuzünden«, Leidenschaft und Entschlossenheit zeigen und schnell zur Tat schreiten.

Beispiel »Pioniergeist par excellence« – so beschreibt Vodafone-Geschäftsführer Hartmut Kremling die Aufbruchsstimmung im Dresdner Team kurz nach der Wende. Zusammen mit knapp 30 Mitarbeitern war er dafür verantwortlich, das neue D2-Netz aufzubauen. Niemand kannte sich mit der neuen Technologie aus. Noch heute ist Kremling stolz darauf, dass er den Wettlauf gegen die Telekom in den großen Städten gewonnen hat: D2 versorgte Erfurt, Gera, Dresden, Halle und Leipzig zuerst. Als Vorgesetzter war er alles andere als der typische Chef – seine Rolle war eher eine Mischung aus Mangelverwalter und Motivator. »Das erste Büro war bei mir zu Hause. Als wir endlich eine Bürofläche hatten, fehlten die Stühle – ich habe meine Gartenstühle von zu Hause mitgebracht. Immer und immer wieder habe ich meinen Mitarbeitern gesagt: Wer soll denn an den Erfolg glauben, wenn nicht wir selbst?« Und er war dafür zuständig, seinen Mitarbeitern Sicherheit zu geben. »Ganz viele Mitarbeiter haben gesagt: Wenn das Netz steht, haben wir keinen Job mehr. Ich habe dagegen gewettet: Ein Mobilfunknetz wird nie fertig sein. Das ist es bis heute nicht.«

Haben Sie solche Führungskräfte in Ihrem Unternehmen? Haben Sie Führungsstile etabliert, die auf neue Entdeckungen ausgerichtet sind und mit denen Mitarbeiter dazu ermutigt werden, kreative Höchstleistungen zu bringen? Haben Sie Führungskräfte, die ihre Mitarbeiter von Neuem nicht nur überzeugen, sondern begeistern können? Diese Art von Führung schafft die Voraussetzung für den Erfolg radikaler Innovation. Gerade in Situationen der Unsicherheit und der Frustration, weil Dinge nicht so klappen wie erhofft, brauchen Sie Führungskräfte, die es schaffen, immer wieder neue

Ideen und ein neues Maß an Begeisterung aus ihren Mitarbeitern herauszulocken.

Ressourcen für radikale Innovation

Ressourcen sind der Realitätscheck für Innovation: Spricht das Management nur darüber oder ist es bereit, für das Thema wirklich Ressourcen einzusetzen? Gelder, die in anderen Bereichen des Unternehmens fehlen, Mitarbeiter, die häufig die Leistungsträger des Unternehmens sind und woanders ein Loch hinterlassen sowie eigenes Engagement – die Denkleistungen eines Vorstandes für mehrere Tage oder sogar Wochen für ein Innovationsprojekt zu verwenden, ist ein gewaltiges Investment. In Vorständen gibt es kein wertvolleres Gut als Zeit. Entsprechend ist der Entschluss eines Vorstandes, dem Thema Innovation mehr Aufmerksamkeit zu widmen, bereits eine klare Investition in Ressourcen.

Achtung! Mehr führt nicht automatisch zu mehr!

Wir sind es gewohnt, dass wir mit mehr Geld mehr kaufen und dadurch mehr erreichen können. Doch es gibt Bereiche, in denen das nicht möglich ist. Im Bereich der radikalen Innovation ist es wie in der Liebe: Geld hilft, aber es ist nicht der ausschlaggebende Punkt. Leidenschaft, Entschlossenheit und Einfühlungsvermögen führen in beiden Fällen häufig eher zum Ziel als eine prall gefüllte Brieftasche. Ein Mehr an Forschungsgeldern führt nicht automatisch zu schnellerer und besserer Forschung. Ein Mehr an Personal für die Innovationsabteilung führt nicht automatisch zu mehr und besseren Innovationen. Und ein Mehr an Marktforschungsbudget führt nicht automatisch zu einer besseren und zielgerichteteren Marktforschung.

Auch ohne Zeit funktioniert radikale Innovation nicht. Sie können von niemandem verlangen, über Nacht eine vollkommen überarbeitete Version des ICE zu entwickeln, ein neues Software-Tool komplett zu durchdenken oder noch nie dagewesene Kunst zu entwickeln, mit der Sie das Museum of Modern Art in New York komplett auf den Kopf stellen. Und doch ist zu viel Zeit genauso schädlich wie zu wenig. Gerade in der Anfangsphase von radikaler Innovation liegt in der Zeitbeschränkung ein wesentlicher Faktor. Zeitbeschränkungen zwingen zur Fokussierung, sie bringen Menschen dazu, schneller nach neuen und unkonventionellen Lösungswegen zu suchen, statt lange in alten Mustern zu verharren. Und Zeitdruck sorgt beinahe von selbst dafür, dass sich die Strukturen laufend verändern – anstatt im eigenen Saft zu schwimmen, gehen Teams schneller den Weg, Expertise von außen ins Team hineinzutragen.

Zeitdruck kann gleichermaßen stimulierend und verhindernd wirken. Professor Teresa Amabile von der Harvard-Universität hat dazu geforscht, wie sich Zeitdruck auf kreative Ergebnisse auswirkt. Das Ergebnis: Es ist ein Unterschied, ob Befragte empfinden, dass sie in einer Tretmühle arbeiten oder dass sie sich auf einer sogenannten »Mission« befinden. Eine Tretmühle ist der klassische Arbeitsalltag von Mitarbeitern, die diese Form von Zeitdruck gut kennen, die vor allem durch fragmentierte Arbeitstage entsteht. In einer Arbeitsumgebung, die Mitarbeitern das Gefühl gibt, an einer »Mission« mitzuarbeiten, wird Kreativität durchaus stimuliert – und zwar positiv.

Tretmühle: Zeitdruck, der Innovation hemmt	Mission: Zeitdruck, der Kreativität fördert
Dauerhaftes Multitasking: Gleichzeitiges Management mehrere Projekte, häufiges Springen von einem Thema zum anderen	Volle Konzentration auf ein Thema – ohne Ablenkung, aber mit engen Deadlines und ambitionierten Zielen
Ständig neue Anforderungen, ständig wechselnde Themen und Prioritäten	Anforderungen und Prioritäten bleiben über einen längeren Zeitraum konstant.
Eine scheinbar niemals endende Flut von E-Mails	Ausgewählte inspirierende Reize statt Reizüberflutung

Stimmt es, wenn Kreative sagen: »Unter diesem Zeitdruck kann ich nicht arbeiten«?

Amabiles Forschungen haben gezeigt, dass es auch hier von den Umständen abhängt.

- Wenn das Management Kreativität nicht wirklich fördert und Teams beziehungsweise Mitarbeiter häufig abgelenkt sind, führt dies zu dem, was Amabile den unkreativen Modus des »Autopiloten« nennt. Die Gehirne werden auf Vollautomatik geschaltet, kreative Arbeitsergebnisse sind Zufall beziehungsweise gar nicht zu erwarten.
- Manager können jedoch auch den fehlenden Zeitdruck nutzen, indem sie beispielsweise Mitarbeiter ermutigen, Neues zu lernen, mit Ideen zu spielen und auf diese Art und Weise etwas

wahrhaft Neues zu entwickeln. Amabile nennt diesen Modus »Expedition«, eine Art zu arbeiten, bei der es vor allem darum geht, eigene Leidenschaften zu verfolgen und dadurch für das Unternehmen neue Ergebnisse zu erzielen.

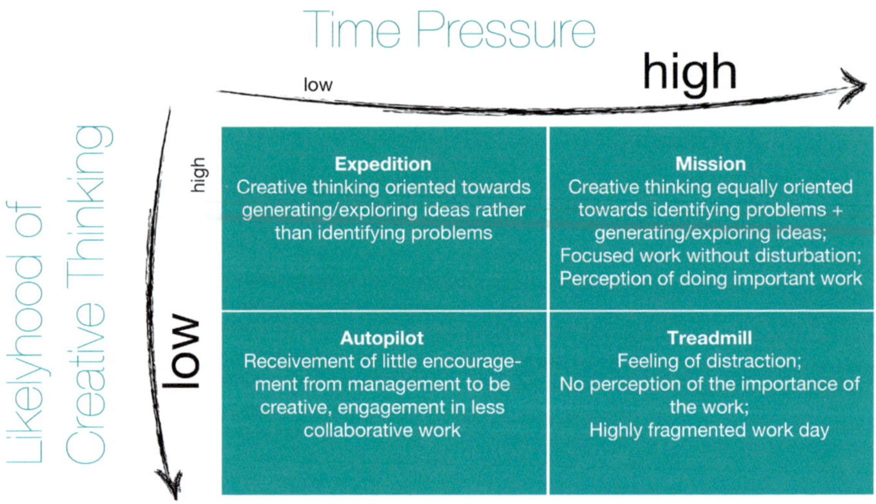

Beispiel Microsoft-Gründer Bill Gates nahm sich regelmäßig eine sogenannte Think Week, die er dazu nutzte, ohne Termindruck Gespräche zu führen, sich zu inspirieren, über Ideen nachzudenken und neue Gedanken für das Unternehmen zu entwickeln. Für ihn hat sich die Woche ohne Zeitdruck als so effektiv erwiesen, dass er die Think Week auf fünfzig technische Vordenker im Unternehmen erweitert hat. Den Effekt beschrieb Gates auf dem Microsoft CEO Summit 2008: »Wir beginnen damit, zwanzig oder dreißig Konzepte, die für unsere Experten relevant sind, online zu stellen. Dann fordern wir Experten auf, sie zu kommentieren. Wir sehen, welche Konzepte gute Bewertungen erhalten und an das höhere Management oder das Produktmanagement weitergeleitet werden können. Wir haben es als eine Art »Grassroot«-Prozess initiiert, bei dem selbst Mitarbeiter, die erst ein Jahr dabei sind, mit ihren Ideen Einfluss nehmen können.«

Diese Think Week, die aus der persönlichen Neigung von Bill Gates zu einer institutionalisierten Form des Zeitinvestments weiterentwickelt worden ist, erlaubt das, was Amabile den Modus der Expedition nennt.

Haben Ihre Mitarbeiter die Ressourcen, um Ideen jenseits des Alltäglichen zu entwickeln? Nehmen Sie sich die Zeit, über neue Ideen nicht nur schnell zu urteilen, sondern sie weiterzuentwickeln, tief zu durchdenken und reifen zu lassen? Sind Ihre Mitarbeiter in der Lage, ungestört durch Ablenkungen an neuen Ideen zu arbeiten, oder ändern sich die Prioritäten bereits nach zwei Tagen wieder? Radikale Innovation ist nicht zwischen zwei Meetings schnell umzusetzen.

Teamkomposition

Kennen Sie das »Comfortable Clone Syndrome«? So nennt Harvard-Professorin Dorothy Leonhard Teams, in denen Menschen miteinander arbeiten, die sich so ähnlich sind, dass sie sich beinahe »zu Tode kuscheln«. Radikale Innovation braucht das Gegenteil: Teams mit einem hohen Maß an Diversität. Menschen mit verschiedenen fachlichen und persönlichen Hintergründen, Menschen, die Probleme auf verschiedene Art und Weise angehen, Menschen mit einem Blick für das große Ganze sowie Menschen, die eher kleinteilig, dafür sehr genau denken. In vielen Unternehmen sind Teams zu homogen aufgestellt: Es sind Menschen mit einem einheitlichen Denkstil vertreten – beispielsweise Analytiker, die jedes Problem strukturiert angehen und mithilfe von Problemlösungstechniken lösen. In solchen Teams fehlen intuitive Denker, die ungewöhnliche und originelle Querverbindungen ziehen und auf Lösungen kommen, von denen sie später nicht immer genau sagen können, wie sie eigentlich zu dieser Lösung gelangt sind. Keiner dieser Denkstile – so Leonhard – ist besser: Sie sind nur unterschiedlich. Radikale Innovation entsteht, wenn Menschen mit solch verschiedenen Hintergründen sich im wahrsten Sinne des Wortes aneinander reiben.

»When two men in business always agree, one of them is unnecessary.«

[William Wrigley, Jr., 1861 – 1932, Kaugummi-Innovator]

Genau das aber führt in der Praxis häufig zu Problemen: Mitarbeiter, die vor allem Präzision und Details bevorzugen, lehnen mitunter Visionäre ab und bezeichnen sie schlichtweg als »Spinner«. Mitarbeiter, die Probleme gerne intuitiv lösen, neigen dazu, auf Analytiker und ihre langsame, kontinuierliche Vorgehensweise herabzublicken. Zudem sprechen Teammitglieder mitunter nicht einmal die gleiche Sprache: während sich Ingenieure oft technisch ausdrücken und rationale Leistungsmerkmale bestimmter Teile und technischer Lösungen hervorheben, interessieren sich Mitarbeiter aus dem Marketing beziehungsweise der Werbung für solche Details mitunter wenig: sie denken häufig schlicht und ergreifend in Kundennutzen. Diese unterschiedliche Sichtweise der Dinge kann ein wertvoller Treiber für Innovation sein – oder aber Innovation gänzlich blockieren.

Beispiel Das amerikanische Unternehmen Syncardia wurde 2011 erstmals als eines der weltweit innovativsten Unternehmen ausgezeichnet. Das Produkt, das Syncardia herstellt, ist ein Prototyp für eine Innovation, die radikaler kaum sein kann: Das erste künstliche Herz (siehe

Abbildung), das es Patienten, die normalerweise auf eine Klinik angewiesen sind, erlaubt, zu Hause zu leben. Richard Smith, Mitbegründer des Unternehmens und Chief Technical Officer des Unternehmens, beschreibt die verschiedenen Vorstellungen von Teammitgliedern in einem Interview mit 3B NEXUS, einem Fachportal für Investoren, sehr anschaulich: »Erfolg in der Medizin heißt häufig, dass es in fünf von zehn Fällen funktioniert. Im Bereich des Ingenieurwesens heißt es: Wenn man das Licht anschaltet, funktioniert es in zehn von zehn Fällen. Dieser Wechsel im Denken ist schwierig für Ingenieure, die traditionell sehr kontrollorientiert sind und erwarten, dass die Dinge einwandfrei funktionieren.«

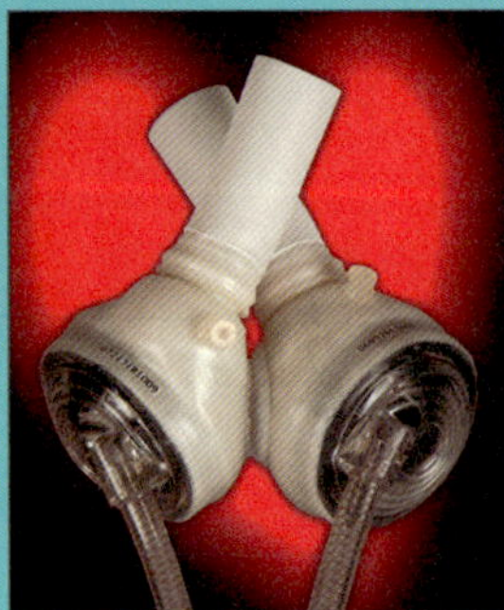

Viele Unternehmen scheuen sich, Teams aufzustellen, in denen so eine kreative Reibung existiert. Homogene Teams funktionieren wesentlich effektiver, wenn es um die Bewältigung von Routineaufgaben geht. Genau diese Effektivität aber verhindert häufig die Kreativität und die Spannung, die vor allem radikale Innovation braucht. Innovationsteams zusammenzustellen, zu führen und das Motivationslevel auch in Phasen des Konflikts kontinuierlich hoch zu halten, ist eine wichtige Managementaufgabe.

Beispiel Der Speicher-Produzent Seagate betont in seinen Werten explizit die Bedeutung der Teamkultur: »Teams sind die Katalysatoren für unsere Ideen und Handlungen. Jedes Teammitglied hat die Befugnis, die Gruppe zu beeinflussen. Wir betrachten diese Befugnis als ein Privileg und als eine Verantwortung. Teamwork ist die Grundlage einer Atmosphäre, die Effektivität, Erfolg und Spaß fördert und in der das Ganze größer ist als die Summe der einzelnen Teile.«

Die wenigsten Unternehmen fühlen sich der Aufgabe gewachsen, wirkliche Querdenker in Teams einzubeziehen. Das Querdenken etwas ist, was in Unternehmen häufiger praktiziert werden sollte, darüber waren sich die Befragten unserer Studie weitgehend einig. Auch der Wert verschiedener Denkstile ist in jedem zweiten Unternehmen mittlerweile bekannt: knapp 48 Prozent der Befragten bestätigten, dass die Mitglieder des Teams verschiedene Hintergründe haben. Wenn es aber darum geht, Teams mit wirklichen Querdenkern anzureichern, also Menschen, die bestehende Grundannahmen konsequent infrage stellen, die unbequem sind und in einem normalen Ablauf stören würden, schrecken Unternehmen zurück: nur knapp 24 Prozent der von uns Befragten können sich vorstellen, einen Querdenker ins Team zu holen. Mehr als Dreiviertel der Unternehmen lässt Verschiedenartigkeit nur im Rahmen des Akzeptierten und Bekannten zu.

Tipp Werfen Sie einen Blick auf Ihre Innovationsteams. Gibt es dort Mitarbeiter, die beispielsweise die bisherige Marktsegmentierung, die Ihren bisherigen Annahmen zugrunde liegt, radikal infrage stellen? Gibt es Mitarbeiter, die nach komplett neu gedachten technischen Lösungen suchen und damit das Bewährte infrage stellen? Und gibt es Mitarbeiter, die versuchen, radikal neue Vertriebs- und Geschäftsmodelle ins Unternehmen zu holen? Wenn ja, haben Sie eine gute Voraussetzung dafür, dass radikale Innovation in der derzeitigen Teamzusammensetzung gelingt. Wenn nein, werden sich die Innovationen, die Ihre Teams hervorbringen, im Rahmen des Bewährten und Bekannten abspielen, also eher inkrementeller Natur sein.

Das Anreiz-System eines Unternehmens

»Wir haben eine merkwürdige Firmenkultur«, bemerkt der Innovationsverantwortliche eines großen Konzerns am Rande eines Workshops, den wir durchgeführt haben. »Sobald jemand mit neuen Ideen kommt, gerät er oder sie in eine Rechtfertigungsposition. Man fühlt sich dabei fast wie bei einem Verhör vor Gericht. Ideen abzulehnen hingegen ist überhaupt kein Problem: niemand muss sich dafür rechtfertigen, warum eine bestimmte Idee – sei es für die radikale Optimierung eines Prozesses oder ein radikal neues Produkt – abgelehnt wird.«

Der klassische Fall eines Anreiz-Systems, das Verhaltensweisen belohnt, die das operative Geschäft effizienter machen: belohnt wird die Einhaltung von Regeln und Vorschriften, nicht der Regelbruch, der gerade vielen radikalen Innovationen zugrunde liegt. Mitarbeiter werden danach gemessen, inwieweit sie mit bewährten und etablierten Methoden Ziele erreichen, nicht danach, ob sie diese bewährten Methoden infrage stellen.

Beispiel Auf der Strategie-Tagung eines internationalen Elektronikkonzerns beklagt sich der Leiter der Innovationsabteilung, dass aus dem Vertrieb zu wenig Impulse für Neues kommen. Der Vertrieb sei es doch, der Kontakt zum Kunden pflege, der vor Ort sei und Fragen stellen könne und der in der Lage sei, bei Kunden Probleme zu finden, die dann die Grundlage für Innovation sein könnten. Der Vertriebsleiter überlegt einen Moment. Dann hält er dagegen: »Wir sind froh, wenn wir bei Kunden und Vertriebspartnern eine halbe bis dreiviertel Stunde Zeit bekommen. Wir müssen um jeden Termin kämpfen. In dieser dreiviertel Stunde nutzen wir sämtliche Verkaufstools, die unseren Mitarbeitern in aufwendigen und sehr teuren Trainings vermittelt wurden, um die Vorzüge unserer Produkte zu demonstrieren. Am Ende des Tages werden unsere Vertriebsmitarbeiter nicht danach gemessen, wie viele Probleme sie beim Kunden diagnostizieren, sondern wie viele Geräte sie verkaufen.«

Wer hat recht? Der Leiter der Innovationsabteilung, der sich von seinen Vertriebsmitarbeitern mehr Input wünscht? Oder der Vertriebsleiter, der darauf hinweist, dass die Vertriebsmitarbeiter anders incentiviert werden? Beide. Theoretisch könnte der Vertrieb zu einer Quelle für Innovation werden. Allerdings geht dies oft auf Kosten der operativen Performance, an der gerade der Vertrieb häufig gemessen wird.

Die wichtigste Frage: Wie lautet das Anreiz-System, das für den Vertriebsmitarbeiter geschaffen wurde?

- Geht es ausschließlich darum, Produkte oder Dienstleistungen in den Markt hinein zu verkaufen? Dann werden Vertriebsmitarbeiter alles daran setzen, möglichst gute »Deals« zu machen: das heißt so viel wie möglich vom Bewährten mit bewährten Mitteln an Kunden zu verkaufen.
- Haben Mitarbeiter die Aufgabe, zuzuhören, Kunden zu beraten und Lösungen für sie zu entwickeln? Dann sind sie eher in der Rolle des Fragenden und können eine gute Quelle für Innovation sein, solange sie gelernt haben, Probleme zu abstrahieren und als Chancen für das eigene Unternehmen zu betrachten.

Dieses Beispiel zeigt, wie sehr das Anreiz-System eines Unternehmens darüber entscheidet, ob Mitarbeiter bereit sind, sich für weitreichendere Innovation zu engagieren. In einer im Jahr 2010 veröffentlichten Studie gingen Chris W. Klegg und Kerrie L. Answorth der Frage nach, inwieweit Mitarbeiter rational überlegen, ob sich kreative Handlungen im Unternehmen lohnen und welche Form einer Einflussmöglichkeit hier besteht. »Unsere Analyse, warum und wie Mitarbeiter den kreativen Prozess beginnen, deutet an, dass unsere Studienteilnehmer einen Prozess durchgemacht haben, in dem sie entscheiden, ob es sich lohnt kreativ zu sein.« Mitarbeiter wägen genau ab, ob ihr Engagement auf Anerkennung und Belohnung oder aber Ablehnung und Konfrontation stößt. Das Anreiz-System eines Unternehmens hat unmittelbare Auswirkungen auf die Entscheidungen des Einzelnen, kreativ zu sein oder nicht, sich für weitreichendere Innovation zu engagieren oder nicht.

Tipp Wenn Sie das Gefühl haben, dass die Anreize gering sind, werden sich Ihre Mitarbeiter für Innovation nicht engagieren. Möglicherweise werden sie inkrementelle Innovation mit mäßiger Leidenschaft vorantreiben, jedoch keine radikalen Veränderungen.

Versuchen Sie, sich folgende Fragen zu beantworten:

- Welchen Anreiz hat der Leiter Ihrer Controlling-Abteilung, sich mit seinem Team eine Auszeit von fünf Tagen zu nehmen, um die bestehenden Verkaufsdaten der letzen drei Jahre aus neuen Perspektiven zu betrachten und neue Fragen zu entwickeln? Eine große Brauerei hat genau das getan und dabei festgestellt, dass eine systematische Neubetrachtung des Datenpools wertvolle Hinweise auf sich verändernde Marktstrukturen gibt.

- Welchen Anreiz hat ein Produktmanager in Ihrem Unternehmen, sich auf den unsicheren Pfad einer kompletten Neuentwicklung zu begeben, wo er beziehungsweise sie über eine einfache Produktverbesserung schnelle kalkulierbare Erfolge erzielen könnte?
- Welchen Anreiz hat Ihre Presseabteilung, sich Gedanken über eine radikal neue Art der Kommunikation zu machen, mit der neue Zielgruppen erreicht werden können?
- Welchen Anreiz haben Ihre Mitarbeiter aus der IT-Abteilung, einen Prototypen für cloudbasierte Programme zu entwickeln, mit denen Kunden ein völlig neues Service-Erlebnis bekommen könnten?
- Welche Anreize hat die Marketing-Abteilung, neue Methoden der Marktforschung auszuprobieren, bei denen weder das Ergebnis noch der Nutzen momentan klar sind?

Radikale Innovation braucht genau diese Anreize. Anreize, die Mitarbeitern klar signalisieren: Vage das Unmögliche! Verharre nicht im Bekannten!

In unserer Studie hat die klare Mehrheit (68 Prozent der Befragten) der Aussage zugestimmt, »Regeln einzuhalten sei wichtiger als Ergebnisse zu erzielen«. Und nur in jedem vierten Unternehmen werden Mitarbeiter größtenteils an der Zahl und der Qualität ihrer Ideen gemessen. In diesen Unternehmen ist die Generierung von Ideen sowie das Vorantreiben von Innovationsprojekten eher ein Privatvergnügen als Teil der täglichen Aufgabe. Ideen werden nur dann anerkannt, wenn sie erfolgreich sind: 45 Prozent aller von uns Befragten sagten, dass sie davon profitieren und große Anerkennung bekommen würden, wenn sie eine tolle Idee hätten. Doch das ist mit einem hohen Risiko verbunden. Der Aussage »bei uns gilt: schlechte Ideen sind der Schlüssel zu guten Ideen« stimmten nur 12,5 Prozent der Befragten zu. Anders gesagt: Bei 87,5 Prozent aller Unternehmen schaden Ideen, die nicht funktionieren, ihrem Urheber. Die Folge: Radikalere und risikoreichere Ansätze werden kaum verfolgt, nur die Ideen, die von der ersten Sekunde an als sicher, erreichbar und Erfolg versprechend gelten, überleben.

Kommunikation

Unternehmen, die radikale Innovation vorantreiben, kommunizieren anders. In den meisten Unternehmen sind die Kommunikationsstrukturen klar entlang der Bereichsgrenzen aufgestellt. Entweder wird innerhalb der verschiedenen Fachbereiche miteinander kommuniziert, innerhalb bestehender regionaler Strukturen beziehungsweise Länderstrukturen oder innerhalb von Projektgruppen beziehungsweise Projektteams. Kommunikation hat den Zweck, das Tagesgeschäft möglichst effizient zu bewältigen: In einem operativ aufgestellten Unternehmen besteht wenig Grund für einen Mitarbeiter aus der technischen Entwicklung, sich mit der Presseabteilung oder sogar Mitarbeitern der betreuenden Werbeagentur zusammenzusetzen. Es wäre Zeitverschwendung: der

Job des technischen Mitarbeiters besteht darin, die Qualität zu verbessern, inkrementelle Veränderungen wie beispielsweise Performance-Steigerungen voranzutreiben und dafür zu sorgen, dass der Wirkungsbereich der Technik problemlos funktioniert. Die Presseabteilung ist entweder dafür zuständig, dass Unternehmen als Ganzes beziehungsweise einzelne Produkte oder Dienstleistungen positiv in die Presse zu bringen oder aber Negativmeldungen zu vermeiden. Und die Werbeagentur ist – überspitzt formuliert – dafür zuständig, knackige Slogans und bunte Prospekte zu entwickeln. Warum sollen sie miteinander reden?

Anders in Unternehmen, die radikale Innovation vorantreiben. Die Frage lautet nicht: »Warum sollen sie miteinander reden?«, sondern »Was könnte dabei herauskommen, wenn sie miteinander reden?« Die amerikanischen Professoren Alan G. Robinson und Sam Stern vergleichen Innovation mit dem Betrieb eines Casinos: Wenn verschiedene Menschen mit verschiedenen Hintergründen zusammentreffen, erhöhe sich die Wahrscheinlichkeit von neuen Ideen drastisch. Eine Garantie jedoch gibt es nicht. Es ist ähnlich wie beim Betrieb eines Casinos: niemand kann vorhersagen, wer an welchem Tisch zu einem bestimmten Zeitpunkt gewinnt oder verliert. Klar ist nur: ist ein Casino lange genug geöffnet und wird es professionell betrieben, gewinnt am Ende das Casino Geld. Entsprechend sind Kommunikationsstrukturen in hoch innovativen Unternehmen ständig in Bewegung: Es gibt viele Treffen und Veranstaltungen, die einzig den Zweck haben, interne Netzwerke aufzubauen. Mal können es Veranstaltungen zum Thema Innovation sein, ein anderes Mal hausinterne Innovationsmessen oder aber Netzwerkgruppen für Nachwuchsmanager. Zahlreiche Unternehmen haben genauso aus diesem Grund Tools wie interne Blogs oder soziale Netzwerkplattformen geschaffen. In solchen Unternehmen werden Bereichsgrenzen scheinbar mühelos überwunden, so sie denn überhaupt existieren. An vielen Stellen des Unternehmens reden Mitarbeiter unterschiedlichster Abteilungen miteinander, spinnen gemeinsam Ideen und starten Projekte. Der »kurze Dienstweg« ist der Normalzustand. Die Bereitschaft, Kontakte nach außen – zu anderen Unternehmen, zu Universitäten oder zu inspirierenden Menschen – aufzunehmen und zu pflegen, ist außerordentlich hoch.

Unternehmen, die in erster Linie operativ ausgerichtet sind, sind durch starkes Bereichsdenken geprägt. Mitarbeiter kommunizieren über offiziell festgelegte Austauschkanäle miteinander, mitunter kommunizieren sie überhaupt nicht bereichsübergreifend. Interne Netzwerke sind praktisch nicht vorhanden und wenn, dann dienen sie nicht dem Austausch von Ideen, sondern sind eher privater Natur oder durch »Firmenpolitik« geprägt.

Tipp Überprüfen Sie, wie in Ihrem Unternehmen kommuniziert wird. Gibt es interne Netzwerke von Innovatoren aus verschiedenen Bereichen? Denken Mitarbeiter aus verschiedenen Bereichen regelmäßig über neue spannende Fragestellungen nach? Pflegen diese Mitarbeiter informelle Netzwerke nach außen und nutzen sie sie für Innovation? Kommen auf diese Art und Weise unterschiedlichste Einflüsse ins Unternehmen? Wenn nicht, verfügt Ihr Unternehmen über denkbar schlechte Voraussetzungen für radikale Innovation. Zugleich aber haben Sie einen wirksamen Hebel zur Steigerung der Innovationsfähigkeit identifiziert.

In unserer Studie haben wir nur eine Minderheit von Unternehmen gefunden, die diese Offenheit pflegen. Dass im Unternehmen »jeder mit jedem redet« und dass Bereichsgrenzen kaum spürbar sind, dieser Aussagen stimmten nur 18 Prozent der Befragten voll und ganz beziehungsweise größtenteils zu. Interne Netzwerke zwischen Experten und Innovateuren sind nur bei 26 Prozent der Befragten wirklich ausgeprägt. Und der Aussage, dass durch Kontakte nach draußen ständig frischer Wind ins Unternehmen kommt, stimmten nur 21 Prozent der Befragten voll und ganz beziehungsweise größtenteils zu. Kommunikationsstrukturen, die auf inkrementelle Innovation oder gar das operative Geschäft ausgerichtet sind – in vielen Unternehmen eine Innovationsbremse, die inkrementelle bereits schwer, radikale Innovation gar unmöglich macht.

Risikokultur

Als wir im Jahr 2010 die weltweit fünfundzwanzig innovativsten Unternehmen für die Corporate Creativity Studie 2010 untersucht haben, stellten wir fest, dass innerhalb der meisten hoch innovativen Unternehmen eine hohe Bereitschaft existiert, intelligentes Risiko einzugehen und zu fördern.

Beispiel Was stellen Sie sich unter einer Frühjahrsputzinitiative vor? Bei Google steht die Bezeichnung Frühjahrsputz dafür, eine Reihe von Experimenten zu beenden, die nicht den gewünschten Erfolg gebracht haben. Ende 2011 verkündete das Unternehmen wieder einmal einen solchen Frühjahrsputz. So wurde unter anderem das Experiment der Google Bookmarks-Lists beendet, Google Friend Connect, Google Gears, die Google Search Time Line und das bekannteste »Opfer« des Frühjahrsputzes: Google Wave. Google hatte mit diesem Dienst große Pläne: er sollte die traditionelle E-Mail ersetzen und neue Funktionen ermöglichen. Google Wave war der Versuch einer radikalen Innovation, die gescheitert ist. Was tut das Unternehmen? Die verantwortlichen Mitarbeiter bestrafen? Im Gegenteil! Wenn Sie bei YouTube die Worte Google Wave Farewell Party eingeben, können Sie sehen, wie man den Fehlschlag feiert: mit einer La Ola-Welle. Erst Risikobereitschaft ermöglicht radikale Innovation. Google Wave hätte funktionieren können, hat es aber nicht. Der ehemalige Google CEO Eric Schmitt kommentierte es so: »Wir probieren Dinge aus. Vergessen Sie nicht, dass wir unsere Fehler feiern. Google ist ein Unternehmen, wo es absolut in Ordnung ist, etwas auszuprobieren, das sehr schwer ist, nicht erfolgreich zu sein und daraus zu lernen.«

Diese Grundhaltung für Innovation findet sich in den wenigsten Unternehmen. Im Gegenteil: die überwiegende Mehrheit der von uns befragten Unternehmen sucht nach Innovation mit Vollkasko-Schutz. Dass Fehler innerhalb eines bestimmten Rahmens erlaubt und gewünscht sind, dieser Aussage stimmten nur 25 Prozent der Befragten voll und ganz beziehungsweise größtenteils zu.

»Succeeding is not really a life experience that does that much good. Failing is a much more sobering and enlightening experience.«

[Michael Eisner, langjähriger Disney-Chef]

Der Aussage »Experimente werden bei uns gefördert, wir probieren Vieles aus« stimmten nur 18 Prozent der Befragten voll und ganz beziehungsweise größtenteils zu. Und nur 16 Prozent aller Unternehmen haben eine Macherkultur etabliert, bei der Mitarbeiter eigenständig Projekte starten und ausprobieren, ob es funktioniert. Statt einer Kultur, in der Experimente gefördert werden, dominiert in den meisten Unternehmen eine Kultur der Absicherung. Gerade radikale Innovation jedoch braucht intelligentes Risiko.

Intelligentes Risiko zeichnet sich durch drei Faktoren aus:

- Fehler werden gemacht, um ein Ziel zu erreichen. Intelligente Fehler sind von vornherein eingeplant, sie sind Teil eines Prozesses, der dazu dient, Dinge auszuprobieren und sich über Fehlschläge an Neues heranzutasten.

- Der Worst Case ist einkalkuliert. Die Fehler überraschen niemanden, sie sprengen nicht das Budget und stellen keinerlei Existenzgefährdung für ein Unternehmen oder ein bestimmtes Projekt dar. Intelligente Fehler sind durch eine Art Risikokapital abgesichert: sie werden zuvor einkalkuliert, wenn sie dann nicht passieren, ist es eine positive Überraschung.
- Das Lernziel ist klar definiert. Intelligente Fehler zeichnen sich dadurch aus, dass die, die sie machen, aus ihnen lernen. Lernen, wie es nicht geht, lernen, wo technische Grenzen existieren, lernen, wie bestimmte Mechanismen miteinander zusammenhängen. Bei dämlichen Fehlern wird häufig nach Schuldigen gesucht, intelligente Fehler werden systematisch ausgewertet und als Lernerfahrung genutzt.

Der Gedanke, Mitarbeiter für aufrichtige Versuche, Innovation zum Erfolg zu verhelfen, zu belohnen, wird auch wissenschaftlich gestützt. Im Jahr 2006 veröffentlichten Michael A. West und Claudia A. Sacramento eine Studie über die Faktoren erfolgreicher Innovationsteams. Für sie gehört die Risikobereitschaft zu den entscheidenden Faktoren. Mitarbeiter, die Risiken eingehen, sollten dafür belohnt werden. »Ansonsten ist es wahrscheinlich, dass Mitarbeiter auf der sicheren Seite bleiben«, argumentieren die Wissenschaftler, »mit Innovationen, die weder radikal noch neu sind, sondern innerhalb existierender Denkmuster bleiben.«

Tipp Überprüfen Sie, wie sehr Ihr Unternehmen bereit ist, Risiken einzugehen. Was passiert, wenn radikalere Innovationsansätze bei Ihnen im Unternehmen probiert werden und scheitern? Definieren Sie für Innovationsprojekte einen Fehlerrahmen, der Mitarbeitern die Sicherheit gibt, dass sie innerhalb dieses Rahmens experimentieren und scheitern dürfen. Und sorgen Sie dafür, dass Fehler, die im Rahmen von Innovationsprojekten geschehen, nicht peinlich verschwiegen werden müssen, sondern als wertvolle Quelle für den Wissensaufbau betrachtet werden.

Atmosphäre

»Sehr geehrte Mitarbeiter, im Rahmen unserer Innovationsoffensive ergeht für den heutigen Tag die Anordnung, neue Ideen zu entwickeln.« Können Sie sich vorstellen, dass so ein förmliches Schreiben an die Mitarbeiter kreatives Potenzial freisetzt? Können Sie sich vorstellen, dass Mitarbeiter nach dem Erhalt der Kreativitätsanordnung voller Begeisterung neue Ideen entwickeln?

Wenn Sie in hoch innovative Unternehmen hineinblicken, stellen Sie vor allem eines fest: Diese Unternehmen »ticken« anders. Es ist eine lockere und informelle Atmosphäre, in der viele Ideen gesponnen und vorangetrieben werden. Ideen werden positiv aufgenommen, selbst, wenn sie nicht wirklich nobelpreisverdächtig sind. Niemand muss Kreativität anordnen. Kreativität ist da.

Beispiel Nichts ahnend steigen Sie in eine Maschine der amerikanischen Fluggesellschaft Southwest Airlines ein. Plötzlich beginnt ein Mitarbeiter zu rappen. Es ist der Chef des Kabinenpersonals, der Ihnen soeben auf musikalische Art und Weise deutlich macht, welche Sicherheitsvorkehrungen an Bord existieren. Wundern Sie sich nicht, Ihr Flight Attendant heißt David Holmes. Niemand hat angeordnet, die Sicherheitsbestimmungen auf eine radikal neue Art und Weise vorzutragen und damit den Fluggästen ein einzigartiges Service-Gefühl zu vermitteln. David Holmes tut es aus Leidenschaft.

Southwest Airlines ist ein Unternehmen, dass auf einem ganz einfachen Grundprinzip beruht: den bestmöglichen Service zum niedrigsten Preis anzubieten. Das Unternehmen ermuntert seine Mitarbeiter, ihre eigene Kreativität einzubringen. Es hat eine Arbeitsatmosphäre geschaffen, die sich mit »fun and focus« am besten beschreiben lässt. Mitarbeiter, die bei Southwest Airlines arbeiten, sollen sich wohlfühlen und Spaß bei der Arbeit haben. Dieser Faktor ist dem Unternehmen so wichtig, dass es ein sogenanntes »Culture Activities Teams« gibt, das sich ausschließlich darum kümmert, die Atmosphäre im Unternehmen positiv zu gestalten.

In einem Unternehmen, das auf die Kreativität der Mitarbeiter angewiesen ist, zahlen sich Investitionen aus, die in anderen Unternehmen als reine Spaßveranstaltungen gelten würden. Spaß ist ein wesentlicher Faktor, der Menschen dazu bringt, neu und anders zu denken, Dinge in einer spielerischen Art und Weise voranzutreiben und sich voller Engagement für eine Sache zu engagieren. Hoch motivierte Teams infizieren sich gegenseitig mit dem »Innovationsvirus«. Innovationsinitiativen, die hingegen vom Dienst nach Vorschrift geprägt sind, haben es deutlich schwerer.

»Motivation will almost always beat mere talent.«

[Norman Ralph Augustine, ehemaliger Vorsitzender der NASA]

Trotzdem gaben nur knapp 36 Prozent der Befragten in unserer Studie an, dass sie in einer Atmosphäre arbeiten, die locker, beinahe informell ist. In 17 Prozent aller Unternehmen geht es sogar äußerst ernst und sehr formal zu. Dass Ideen positiv aufgenommen werden, sagten 29 Prozent aller Befragten. Die Fähigkeit, Teams zu motivieren und durch diese Motivation zu kreativen Höchstleistungen zu bewegen, ist ein Schlüsselfaktor für den Erfolg von Teams, die radikale Innovation umsetzen.

Tipp Achten Sie bei der Auswahl der Teammitglieder darauf, dass Sie neben dem notwendigen Fachwissen vor allem auch Mitarbeiter integrieren, die das mitbringen, was man im Englischen »Drive« nennt. Innovationsfördernde Teammitglieder sind solche, die wenig Wert auf rigide Formalitäten legen, die einen lockeren Umgangston pflegen und die stark bemüht sind, neue Ideen offen und positiv aufzunehmen und weiterzuentwickeln. Die Mitglieder, die Sie in Innovationsteams aufnehmen, entscheiden maßgeblich über die Atmosphäre, die in diesen Innovationsteams herrscht.

Die verschiedenen Innovationskultur-Typen: Von proaktiv bis zufällig

Nicht jede Innovationskultur ist gleichermaßen dazu geeignet, radikale Innovation voranzutreiben und schließlich umzusetzen. In unserer Studie konnten wir vier verschiedene Innovationskultur-Typen identifizieren. Jede hat ihre Stärken und Schwächen. Der Nährboden für Innovation entscheidet darüber, welche Art von Innovation in Ihrem Unternehmen wachsen kann.

Teams, die weitreichendere Innovationen verfolgen, sind Pioniere auf dem Weg zu neuen Entdeckungen. Sie zeichnen sich durch das aus, was in unserer Studie als proaktive Innovationskultur identifiziert werden konnte. Diese proaktiven Innovatoren haben ambitionierte strategische Ziele etabliert, dazu Werte, die Kreativität und Innovation betonen. Sie investieren schnell und

+++Die 99 besten Tricks für die gelungene Serviceinnovation!+++
Innovator‘sHealth
Enthüllungsinterview
Markus K.:
„Die haben meine Ideen einfach abgeschmettert!“
Machen Sie jetzt den
TEST
Welcher Innovationstyp sind Sie?

unbürokratisch in gute Ideen, es gibt ausgeprägte interne und externe Netzwerke, Teams verfolgen Ziele voller Begeisterung und sie akzeptieren Fehler als einen Teil des kreativen Prozesses. Fehler und Experimentiergeist werden ausdrücklich gefördert. Diese Unternehmen haben sich voll und ganz auf den Innovationskurs eingelassen. Sie arbeiten mit Hochdruck an neuen Ideen, ihre Kreativität lässt sich mit Spaß und harter Arbeit am besten beschreiben. Die Atmosphäre ist locker, doch der Preis dieser Lockerheit sind Ergebnisse. Die proaktive Innovationskultur ist offen für Veränderungen und neue Managementkonzepte.

- In unserer Studie haben wir knapp 21 Prozent proaktive Innovatoren identifiziert. Um radikale Innovationen voranzutreiben, ist dieser Innovationskultur-Typ am geeignetsten. Anders ausgedrückt heißt das aber auch: vier von fünf Unternehmen sind aktuell nicht oder nur sehr eingeschränkt in der Lage, radikale Innovation konsequent voranzutreiben.
- Rund 27 Prozent der befragten Unternehmen sind sogenannte reaktive Innovatoren. Sie reagieren in erster Linie, statt zu agieren. Die Reaktion erfolgt entweder auf neue Markterfordernisse oder aber auf einen Innovationskurs, der klar von den obersten Managementebenen vorgegeben wird. Doch selbst mit Visionären an der Spitze können reaktive Innovatoren nicht so weit kommen wie proaktive. Was fehlt, sind leidenschaftliche Ideen der Mitarbeiter.

- 36 Prozent der von uns befragten Unternehmen sind sogenannte passive Innovatoren. Sie unterscheiden sich vor allem in einem entscheidenden Punkt von den proaktiven. Bei ihnen sind ebenfalls alle Merkmale der Innovationskultur, die Sie in diesem Kapitel kennengelernt haben, gleichermaßen ausgeprägt, jedoch auf einem insgesamt deutlich niedrigeren Niveau als bei den proaktiven Innovatoren. Innovationsziele werden weitgehend ohne Begeisterung und Leidenschaft vor allem durch Prozesse und Strukturen vorangetrieben, das Innovationstempo ist deutlich langsamer. Diese Unternehmen können tendenziell eher inkrementelle als radikale Innovation vorantreiben.
- Rund 16 Prozent der Unternehmen konnten wir als Zufallsinnovatoren identifizieren. In diesen Unternehmen gibt es zwar ein ausgeprägtes kreatives Potenzial, doch es fehlen die Unternehmensziele.

Wie können die einzelnen Innovationstypen radikale Innovation umsetzen?

- **Proaktive Innovatoren:** Durch eine proaktive Innovationskultur sind Unternehmen in der Lage, ihr kreatives Potenzial voll auszuschöpfen. Wenn Sie eine proaktive Innovationskultur haben, haben Sie die besten Voraussetzungen, dass Sie nicht nur über radikale Innovation reden, sondern sie auch umsetzen. Ihre Innovationskultur erlaubt es Ihnen, neue Ideen in hoher Geschwindigkeit zu entwickeln, auf Akzeptanz hin zu testen und durch Kunden-Feedback zu überarbeiten. Die proaktive Innovationskultur ist auf Tempo ausgelegt: Iterationsschleifen, die für die schnelle Optimierung von Ideen wichtig sind, geschehen schnell. Während in vielen anderen Unternehmen eine neue Idee nur ein einziges Mal in der Marktforschung getestet wird, erlaubt es die proaktive Innovationskultur, innerhalb kürzester Zeit immer wieder neue Varianten einer Idee zu testen – so lange, bis der Erfolg da ist.

- **Reaktive Innovatoren:** In den Phasen, die Sie gleich kennenlernen werden, benötigen Sie eine stark visionäre Führungskraft, die in der Lage ist, einen Großteil der Innovationsrichtung vorzugeben. Viele Mittelständler funktionieren nach diesem Prinzip: Ein charismatischer Geschäftsführer, mitunter sogar noch der Unternehmensgründer, setzt seine Vision um, die Mitarbeiter sind in erster Linie Ausführende im Innovationsprozess. Solange Sie solch visionäre Führungskräfte an der Spitze haben, ist radikale Innovation als Top-down-Ansatz machbar.Falls solche Persönlichkeiten am Prozess nicht beteiligt sind, empfiehlt es sich, radikale Innovation in Form interner Start-up-Teams voranzutreiben oder sogar auszugliedern.
- **Passive Innovatoren:** Passive Innovatoren sind in der Regel auf inkrementelle Innovation ausgerichtet und leisten innerhalb dieser Ausrichtung oft sehr viel. Hier ist es fraglich, ob es überhaupt Sinn macht, für ein radikales Innovationsprojekt zu versuchen, die Kultur des gesamten Unternehmens zu

verändern. Einfacher ist es, über interne Start-up-Teams mit ausgewählten Mitarbeitern – eventuell angereichert durch externe projektbezogene Mitarbeiter – radikale Innovation voranzutreiben. Möglicherweise muss das Team weiter von der Unternehmenszentrale entfernt platziert werden, um wirklich unabhängig, frei und unternehmerisch denken und handeln zu können. Gerade Unternehmen mit einer passiven Innovationskultur, die stark durch Regeln, Prozesse und feste Abläufe geprägt sind, wirken auf radikale Innovationsteams wie ein Gravitationszentrum, das sie immer wieder in die Wege des Bewährten und Bekannten zurückzieht.

- **Zufallsinnovatoren:** Häufig finden sich in diesen Unternehmen Mitarbeiter, die geradezu darauf warten, endlich gefragt zu werden und an größeren Innovationsaufgaben arbeiten zu können. Bei Zufallsinnovatoren hängt es davon ab, ob es machbar ist, einen größeren Stab von Mitarbeitern zu aktivieren und zu begeistern oder nicht. Die Analyse Ihrer Innovationskultur zeigt klar und deutlich auf, wie hoch das Maß beispielsweise an Begeisterung und Risikobereitschaft wirklich ist. Ist es hoch, kann radikale Innovation durchaus innerhalb bestehender Strukturen umgesetzt werden. Ist es niedrig, empfiehlt es sich auf jeden Fall, interne Start-ups zu gründen, die dann möglicherweise sogar außerhalb des Unternehmensgeländes Innovation vorantreiben.

Fazit Die Analyse Ihrer Innovationskultur zeigt Ihnen deutlich auf, zu welcher Art von Innovation Sie momentan in der Lage sind und welche Art von Innovation Ihre Strukturen begünstigen, wo versteckte Hindernisse innerhalb des Unternehmens liegen, die Sie bislang nicht identifiziert haben, und wie Sie die verschiedenen Phasen radikaler Innovation organisieren müssen, damit die Konzepte, die Sie entwickeln, nicht nur PowerPoint-Folien füllen, sondern am Ende wirklich umgesetzt werden.

Ihr Innovationsnetzwerk – Das Umfeld

Das Innovation Ecosystem eines Unternehmen besteht aus mehr als nur dem Unternehmen selbst. Gerade für radikale Innovation ist es wichtig, nicht nur über den Tellerrand hinauszublicken und Kontakte zu pflegen, die das bringen, was beim Chiphersteller Intel die Bezeichnung »Outsider Advantage« trägt: Den Blick von außen und Ideen, die nicht durch die interne Brille vorgefiltert werden.

Beispiel Ende 2011 hatte Jürgen Schaar einen großen Auftritt. Der Geschäftsführer der Firma mobilefirst UG aus Hannover gewann mit seiner App iSoloris den Innovationspreis der Deutschen Telekom. Schaar hatte eine App für das iPad programmiert, die die Installation von Photovoltaik-Anlagen auf Dächern drastisch vereinfacht. Statt mit bislang fünf

Werkzeugen wie Kompass, Kamera, Sonnenbahnindikator, Zollstock und Winkelmesser können Installateure dank der App Solaranlagen deutlich schneller installieren: iSolaris misst den Winkel, die Dachfläche und über Augmented Reality sogar den Sonnenverlauf. Zusammen mit Schaar wurden das Unternehmen ePocket Solutions mit der sogenannten »Handy-man«-App für Handwerker sowie die Firma geoCapture ausgezeichnet, die Projektmanagement für Architekten, Handwerker und den Straßenbau auf dem iPhone anbietet. Warum tut die Telekom das? Gehört es zur Kernkompetenz des Unternehmens, Start-up-Unternehmen zu fördern? Nein. Der Grund ist einfach: Als die Deutsche Telekom den Preis ausschrieb, erhielt sie zahlreiche Bewerbungen von jungen kreativen Unternehmern, die seitdem zum Inspirationsnetzwerk des Konzerns gehören. Mit mobilefirst UG, ePocket Solutions und geoCapture gehören seitdem drei Unternehmen zum Netzwerk, das jederzeit aktiviert werden kann, um Innovation zu entwickeln.

Zum Innovationsnetzwerk können gehören:

- Lieferanten, die ein berechtigtes Interesse daran haben, gemeinsam mit Ihnen eine engere Partnerschaft einzugehen, und die eigene Entwicklungszeit zur Verfügung stellen,
- Kunden, die sich in der Vergangenheit durch wiederholte Produktvorschläge hervorgetan haben und den kreativen Input geben,

- Mitarbeiter anderer Unternehmen, die Erfahrungen im Umgang mit radikaler Innovation haben,
- kreative Unternehmer, die beispielsweise gerade ein Start-up gegründet haben,
- Methodenspezialisten, die Ihnen wertvolle Hinweise auf Denktechniken und ihre Anwendungen geben,
- Studenten, die Bachelor- und Masterarbeiten zu einem Thema rund um Ihr Innovationsprojekt geschrieben haben,
- freie Mitarbeiter von Werbeagenturen oder kleineren Beratungsfirmen, die das Projekt als Chance für einen möglichen Einstieg in Ihr Unternehmen sehen,
- Grundlagenforscher, die sich intensiv mit Teilen Ihres Innovationsprojektes (beispielsweise der Entwicklung von Algorithmen oder neuartigen Materialien) beschäftigen,
- besonders kreative Menschen, die Ihnen in Ihrem beruflichen oder privaten Umfeld aufgefallen sind, weil sie viele Ideen und Inspirationen in Projekte einbringen.

Nicht umsonst verbringen hoch innovative Manager viel Zeit damit, ein persönliches Netzwerk aufzubauen und zu pflegen. Zu diesem Ergebnis kam eine Studie von Clayton M. Christensen, die Ende 2009 veröffentlicht wurde. Christensen hatte über einen Zeitraum von sechs Jahren Manager aus hoch innovativen Unternehmen mit Managern und Führungskräften weniger innovativer Unternehmen verglichen. Als ein wesentliches Element kristallisierte sich dabei das Netzwerken heraus. Dabei geht es laut Christensen weniger darum, Geldmittel zu erschließen, ums Marketing oder um die eigene Karriere. Innovativen Managern liegt beim Netzwerken vor allem daran, radikal andere Blickwinkel einzunehmen, Menschen mit völlig anderen Ideen zu begegnen und den eigenen Horizont zu erweitern.

Beispiel Microsoft erweitert sein Innovationsnetzwerk regelmäßig durch das weltweit operierende Programm »Microsoft BizSpark«. Teilnehmen kann, wer ein softwarebasiertes Produkt oder einen Dienst als Kernstück seiner unternehmerischen Tätigkeit entwickelt. Microsoft zielt dabei darauf ab, Start-ups aus der Softwarebranche in der Gründungsphase zu beschleunigen. Die Anmeldung zum Programm ist kostenlos, Mitglieder können auf ein dynamisches Netzwerk, weltweite Kontakte und Ressourcen zurückgreifen. Sie erhalten einfachen Zugang zu den Microsoft-Entwicklungswerkzeugen und -Plattformtechnologien und können sich auf Supportleistungen stützen. Gleichzeitig besteht die Möglichkeit, die entwickelten Softwarelösungen innerhalb des Netzwerks zu vermarkten.

Genau hierin liegt jedoch in vielen Unternehmen eines der großen Hindernisse bei der Entwicklung radikaler Innovationen. Der Gedanke, Externe von außerhalb des Unternehmens in die Ideensuche einzubinden, ist vielen fremd. Dabei können Sie gar nicht jede Idee selbst haben. Ideen sind immer ein Puzzle aus all Ihren bisherigen Erfahrungen und Ihrem Wissensschatz. Andere Menschen haben andere Erfahrungen, andere Sichtweisen und einen anderen Wissenshintergrund.

Tipp Haben Sie den Mut, Teile des Innovationsnetzwerks längerfristig einzubinden. Geben Sie einem jungen, kreativen Studenten die Chance, an einem Projekt mitzuwirken. Besuchen Sie mit Ihrem Team fremde Unternehmen und veranstalten Sie dort Workshops. Fragen Sie, ob für andere Unternehmen gute freiberufliche Prototypenentwickler arbeiten. Binden Sie Ihre aktivsten Kunden für einige Wochen aktiv in den Entwicklungsprozess ein – vorausgesetzt, diese Kunden haben gute Ideen. Oder entwickeln Sie Ideen und Ansätze gemeinsam mit einem Start-up. Wenn Sie es schaffen, Win-win-Situationen zu schaffen, können Sie sicher sein, dass Externe hoch motiviert bei Ihnen mitarbeiten.

So analysieren Sie Ihr Innovationsnetzwerk:
Stellen Sie eine Liste von allen Kunden, Partnern, anderen Unternehmen und Institutionen auf, mit denen Sie zusammenarbeiten. Überlegen Sie, welche Rolle diese Netzwerkmitglieder aktuell spielen und welche sie spielen könnten:

Inspirationsquellen

Netzwerkmitglieder, die ständig Ideen entwickeln, Trends aufspüren, Neues ausprobieren und innovative Methoden einsetzen. Diese Netzwerkmitglieder sind Inspirationsquellen, die Sie immer wieder nutzen können, um auf neue Gedanken zu kommen. Wie spüren Sie diese Quellen auf? Am einfachsten auf Fachkongressen, die zu einem großen Teil aus Networking bestehen. Dort präsentieren Verantwortliche großer Unternehmen ihre Innovationsansätze, in den informellen Gesprächen danach erfahren Sie viele Details.

Auch soziale Medien sind gut dafür geeignet: Längst finden Sie zahlreiche Fach- und Führungskräfte von Unternehmen, Agenturen und Universitäten in sozialen Netzwerken.

Beispiel In Netzwerken wie Google+ können Sie den Gedanken von inspirierenden Menschen wie Gunter Dueck, dem Chief Technology Officer von IBM Deutschland, folgen. Sie können sich online mit ihnen austauschen. Auch Google-Gründer und CEO Larry Page schreibt dort. Sie erfahren keine Unternehmensgeheimnisse, aber inspirierend ist es allemal.

Entwicklungspartner

Entwicklungspartnerschaften machen immer dann Sinn, wenn Sie eine Win-win-Situation herstellen können. Innerhalb Ihres Innovation Ecosystem lässt sich so eine Situation schnell finden. Wenn Sie eine radikale Innovation im Markt platzieren, profitieren davon auch Ihre Lieferanten und Vertriebspartner. Entsprechend macht es Sinn, sie als Entwicklungspartner zu nutzen.

Beispiel Reicofil, der weltweit führende Hersteller im Nonwoven-Anlagenbau, unterhält in Troisdorf in der Nähe von Bonn seit 2008 ein Vliestechnikum, mit dem das Unternehmen seinen Kunden, Lieferanten und Rohstoffherstellern die Möglichkeit bietet, neue Entwicklungen im Bereich von Hygiene- und Medizinanwendungen, Meltblownanwendungen und technischen Vliesen voranzutreiben. Das Unternehmen stellt dabei nicht nur die Anlagen, sondern auch das Know-how des eigenen Teams zur Verfügung.

Wenn Sie ein Unternehmen wie Reicofil in Ihrem Netzwerk haben und diese Verbindung stärken, erschließen Sie sich damit automatisch Kapazitäten, die Ihnen sonst schwerlich zur Verfügung stehen.

Tester und Kritiker

Wenn Sie radikale Innovation erfolgreich entwickeln wollen – Sie lernen den Ansatz im nächsten Kapitel kennen – sind Sie darauf angewiesen, in hoher Geschwindigkeit immer wieder neue Varianten eines Prototyps zu entwickeln, zu testen, weiterzuentwickeln und wieder zu testen. Reguläre Marktforschung ist dabei viel zu langsam. Wenn Sie ein Netzwerk beispielsweise von Vertriebspartnern und Kunden pflegen, können Sie extrem schnell neue Ansatze in der Praxis ausprobieren, Sie erhalten Feedback und können dieses Feedback direkt in die Entwicklung integrieren.

Dieser Ansatz ist nicht einmal besonders teuer. Gerade Kunden, die daran interessiert sind, dass sich Produkte weiterentwickeln, sind häufig sogar dankbar, dass sie involviert werden. Nicht nur, dass Sie durch Ihr Netzwerk schneller testen und damit schneller entwickeln, Sie haben am Ende sogar begeisterte Promotoren und Fürsprecher für die Innovation.

Tipp Achten Sie darauf, dass Sie eine ausgewogene Mischung von begeisterten Kunden und harten Kritikern in Ihrem Netzwerk haben. Sonst besteht die Gefahr, dass Sie Ihr Innovationsprojekt durch die rosa Brille sehen. Gerade wenn Sie der Meinung sind, Ihre Innovation sei perfekt, ist es Zeit für harte Kritik.

Der Aufbau eines Innovationsnetzwerks ist aufwendig und mit den herkömmlichen Methoden von Aufwand und Nutzen kaum zu berechnen. Inspirationen, die in ihrer Kombination zu neuen Denkansätzen führen, lassen sich schwer in harten Kennzahlen ausdrücken. Der Aufbau eines solchen Netzwerks ist vor allem langfristig ein Gewinn.

Fazit Durch die Analyse Ihres Innovationsnetzwerks erweitern Sie den gedanklichen Horizont für Ihre Innovationsprojekte und sorgen dafür, dass Sie vom »Outsider Advantage« profitieren. Sie erkennen so Ihre Möglichkeiten, den Entwicklungsprozess drastisch zu beschleunigen und damit im Innovationswettbewerb einen Vorsprung zu erlangen. Erkennen Sie Ihre Inspirationsquellen, die Ihnen immer wieder neue Wege aufzeigen.

4 Innovation Seeds: Das Saatgut für neue Wachstumschancen

»Eigentlich wissen wir seit drei Jahren, dass wir irgendwas tun müssen. Die Frage ist bloß: was?« So beginnt das Gespräch mit dem Geschäftsführer eines mittelständischen Unternehmens, der einen langsamen, aber kontinuierlichen Trend bemerkt: einen Umsatzverlust mit den bisherigen Produkten. Am Anfang ließ sich dieser Trend noch überdecken: durch Sonderverkaufsaktionen, Kostenreduzierung und neue Produktfeatures, die kurzfristig zu einem Anstieg der Verkaufszahlen führten. »Wir haben eine Marktforschung beauftragt. Dabei kam heraus, dass der Markt für unser derzeitiges Produkt schwindet. Dann haben wir ein Innovationsmanagement installiert. Jetzt sind wir drei Jahre weiter, aber nicht schlauer. Dieses ›irgendwas‹ hat uns nicht verlassen.« Diese Phase der Unsicherheit ist von zwei Richtungen geprägt:

- **Placebo-Handlungen:** Es wird viel Zeit und Energie darauf verwendet, Mitbewerber zu studieren, Branchentrends in anderen Ländern zu suchen, einen Innovationsprozess im Unternehmen zu definieren oder aufwendige Analysen in Auftrag zu geben. Doch der Erfolg bleibt häufig aus: Was nützt es, wenn Sie erfahren, dass der Wettbewerb in Zukunft noch schärfer wird? Was bringt es Ihnen zu erfahren, dass Ihr Mitbewerber gerade dabei ist, neue Geschäftsmodelle zu entwickeln? Es sind interessante Informationen, aber sie bringen Ihnen keine Ideen.
- **Aktionismus:** Wahllos werden Ideen gesammelt, ausprobiert und nach kurzer Zeit wieder aufgegeben. In den Büros der Verantwortlichen hören Sie Sätze wie: »Lasst uns doch mal etwas

völlig Neues probieren, etwas, das ganz weit weg ist von dem, was wir tun.« »Ja, eine völlig neue Branche.« »Aber mit was für einem Produkt?« »Lasst uns Sonnenschirme für Tiere produzieren.« Vielleicht lässt sich der Markt für Tierzubehör mit Hunde- und Katzensonnenschirmen tatsächlich revolutionieren – dumm nur, dass Sie eigentlich Getriebeteile für Schiffsmotoren herstellen. Oder ein Tankstellennetz betreiben. Oder Experte für Pizza-Tiefkühlkost sind. Aktionismus erkennen Sie daran, dass die Ideen wenig mit den Bereichen zu tun haben, in denen Sie sich auskennen. Die Idee liegt weit ab von Ihren Produktions-, Marketing- und Vertriebskompetenzen und Sie können in neuen Märkten praktisch keinerlei Wettbewerbsvorteile generieren. Der Sonnenschirm für Tiere ist schneller kopiert als Sie das erste Modell im Geschäft stehen haben.

Placebo-Handlungen und Aktionismus sind ein Ausdruck von Unsicherheit im Umgang mit radikaler Innovation. Während bei inkrementeller Innovation bereits klar ist, dass das Unternehmen auf der Messe im nächsten Jahr eine neue Version des Produktes präsentieren will – noch schneller, ein besseres Design oder eine verbesserte Menü-Führung – ist das Ziel bei radikaler Innovation am Anfang häufig komplett unklar. Vor allem in den ersten beiden Phasen, die Sie in diesem Buch noch kennenlernen werden, fühlen Sie sich als Verantwortlicher häufig verloren. Die Kollegen in der Forschungs- und Entwicklungsabteilung nebenan entwickeln bereits neue Technologien, um das angestammte Produkt zu verbessern. Der Marketing-Abteilung liegen bereits Umsatzprognosen für ein bestimmtes Nachfolgemodell vor. Und die Geschäftsführung hat die Gewinne aus diesen Innovationen bereits eingeplant. Doch Sie als Verantwortlicher für radikale Innovationsprojekte fühlen sich eher ratlos. Weder können Sie mit einer konkreten Richtung aufwarten noch mit Entwürfen, geschweige denn mit Umsatzprognosen.

Radikaler Innovation gehen Phasen voraus, die inkrementeller Innovation vollkommen fremd sind. Sie zu managen gehört mit Abstand zu den anspruchsvollsten Aufgaben im Innovationsmanagement. Es sind Phasen der Orientierungssuche, voller Sackgassen, und schließlich Phasen, in denen Projekte kurz vor dem Scheitern stehen. Jede dieser Phasen lässt sich beschleunigen, jede lässt sich managen, doch überspringen lassen sie sich nicht.

In diesem Kapitel lernen Sie den Begriff der Innovation Seeds kennen. Sie erfahren, wie Sie systematisch das Saatgut für künftiges Wachstum identifizieren können. Dabei analysieren Sie nacheinander die Lösungskompetenzen Ihres Unternehmens, Sie suchen nach verborgenen Kundenbedürfnissen und werten Trends aus. Daraus leiten Sie Chancenfelder für radikale Innovationen ab.

Innovation Seeds aus Lösungskompetenzen ableiten

Woraus kann – basierend auf dem, was Sie tun – Neues erwachsen? Die Lösungskompetenzen Ihres Unternehmens sind die erste Quelle für Innovation Seeds, aus denen neue Keimlinge entstehen und unter den richtigen Bedingungen neue Pflanzen heranwachsen können. Ihre Lösungskompetenzen bestehen aus allen Lösungen, die Sie auf Basis Ihres derzeitigen Wissensstands entwickeln und in neue Felder transferieren können, seien diese Felder nun neue Märkte, neue Produkte, neue Dienstleistungen, neue Vertriebswege oder radikale Prozessinnovationen.

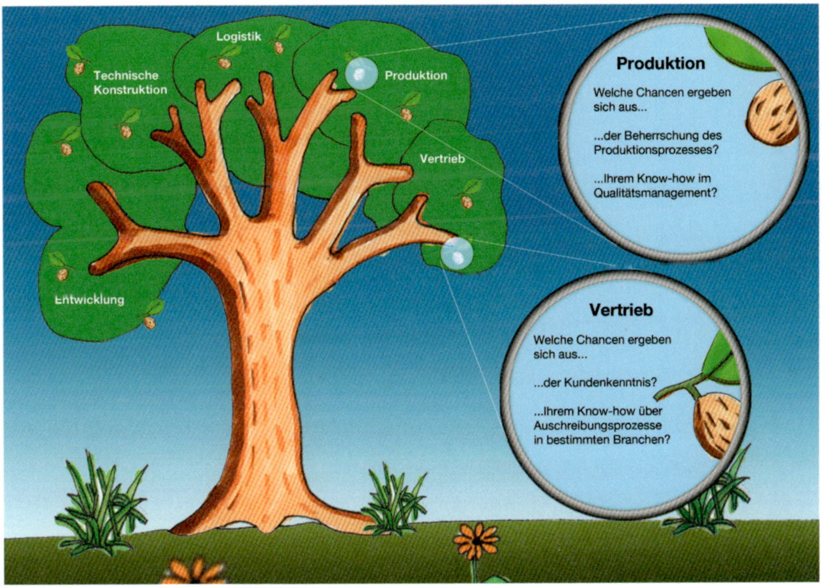

Die Analyse Ihrer Lösungskompetenzen ist mehr als eine bloße Aufstellung Ihrer Kompetenzen. Es ist eine Neubetrachtung und -bewertung Ihres Wissens. Nur wenn Sie Ihr Know-how radikal neu definieren, können Sie daraus Chancen für radikale Innovationen ableiten.

Im Mittelpunkt der Analyse stehen vier Fragen, die es zu beantworten gilt:

- Was tun wir?
- Welches Know-how steckt dahinter?
- Was nützt dieses Know-how?
- Welche konkreten Innovationschancen (Innovation Seeds) lassen sich daraus ableiten?

Frage 1: Was tun wir?

Das, was ein Unternehmen produziert oder leistet, ist immer eine Bündelung verschiedener Tätigkeiten – niemals eine Tätigkeit. Jedes der bisherigen Tätigkeitsfelder kann der Ausgangspunkt für radikale Innovation sein. Im ersten Schritt geht es darum, das, was ein Unternehmen tut, in kleine, überschaubare Einheiten zu »zerlegen«. Dabei ist es wichtig, einen sinnvollen Detaillierungsgrad zu finden. Die Aufteilung in »wir machen Marketing, wir machen Vertrieb, wir haben Kundenbeziehungen und wir kennen uns mit der Technik aus« ist zu oberflächlich. Jeder Tätigkeitsstrang muss so konkret wie möglich beschrieben werden:

- Was genau ist das Besondere an den Kundenbeziehungen?
- Für welche Kunden trifft dies genau zu?
- Welche Vertriebswege hat das Unternehmen?
- Was genau zeichnet die Marketingaktivitäten aus?
- Wie genau lässt sich beschreiben, was ein Unternehmen im Bereich Technik tut?

Achten Sie bei aller Konkretisierung darauf, dass Sie am Ende nicht jede Schraube, die irgendwo im Unternehmen gedreht wird, aufnehmen.

Frage 2: Welches Know-how steckt hinter unseren Tätigkeiten?

Analysieren Sie, welches Wissen sich hinter dem verbirgt, was Sie tun. Dieses Know-how, das häufig in den Köpfen von Mitarbeitern verschiedener Abteilungen steckt, ist der Schlüssel zur Aufstellung Ihrer Lösungskompetenzen.

- Über welches spezifische Kundenwissen verfügen Sie?
- Welches Wissen haben Sie im Bereich Technik?
- Welches Wissen haben Sie im Bereich Vertrieb?
- Etc.

Beschreiben Sie die Kenntnisse, die Sie für die verschiedenen Bereiche brauchen, so konkret wie möglich. Schreiben Sie nicht nur: »Wir kennen uns in der XY-Technologie aus.« Sondern schreiben Sie: »Wir wissen, auf welcher technischen Grundlage die XY-Technologie basiert, und wir sind in der Lage, unser Grundlagenwissen in praktische Anwendungen im Bereich Z zu übertragen.«

Frage 3: Was nützt dieses Know-how?

Für Innovationen ist nicht jedes Wissen gleich wertvoll. Es gibt Kenntnisse, die Sie für Ihre derzeitige Tätigkeit brauchen, die jedoch in neuen Feldern vollkommen nutzlos sind. Es gibt aber auch Wissen, das in Zukunftsmärkte beziehungsweise in künftige Innovationsbereiche übertragen werden kann. Um herauszubekommen, welche Ihrer Wissensbereiche zukunftsfähig sind und welche nicht, fragen Sie nach dem Nutzen.

Tipp Die Übersetzung des Know-hows auf die übergeordnete Nutzenebene gehört zu den schwierigsten Schritten bei der Analyse Ihrer Lösungskompetenzen: Der Wechsel von der konkreten auf die abstrakte Ebene fällt häufig schwer, gerade wenn Sie tief in einem Bereich drinstecken und Ihnen der Blick über mehrere Branchen fehlt. Holen Sie sich Unterstützung durch Kollegen oder Experten, lassen Sie diese einen Blick von außen aufs Unternehmen werfen.

Um den Nutzen zu beschreiben, stellen Sie sich folgende Situation vor: Der Fachbereich, den Sie beschreiben, wird in ein selbstständiges Unternehmen umgewandelt. Es versorgt jetzt nicht nur Sie, sondern auch andere Unternehmen mit Produkten oder Dienstleistungen (eine klassische Spin-off-Strategie). Was genau ist der Geschäftszweck dieses Spin-offs und welchen übergeordneten Nutzen bietet die neue Firma?

Beispiel Die Controlling-Abteilung einer großen Brauerei verfügt über jahrelang gesammelte Datenbestände über die Entwicklung von Gaststätten in verschiedenen deutschen Regionen, die als Vertriebspartner des Unternehmens fungieren. Diese Daten sind bislang lediglich unter dem Gesichtspunkt der Rentabilität von Vertriebspartnern ausgewertet worden. Anders betrachtet kann dieses Wissen wertvolle Impulse für Innovation liefern: Wie verändert sich die Gastronomielandschaft in den verschiedenen Regionen? In welchen Marktsegmenten lassen sich gravierende Veränderungen im Ausgabeverhalten der Kunden feststellen? Welche neuen Gastronomiekonzepte setzen sich am Markt durch und wie kann dieser Trend durch neue Produkte unterstützt werden?

Nehmen wir an, Sie würden Ihre Controlling-Abteilung in ein selbstständiges Unternehmen umwandeln, das auf Basis der bisher gesammelten Daten neue Dienstleistungen anbieten würde. Welche Dienstleistungen für den Innovationsbereich würde dieses neu gegründete Unternehmen anbieten?

Frage 4: Welche konkreten Innovationschancen (Innovation Seeds) lassen sich daraus ableiten?

An dieser Stelle beginnen Sie, Ihr Expertenwissen mithilfe einer klaren Nutzenbeschreibung in potenzielle neue Bereiche zu transferieren. Überlegen Sie, in welchen anderen Branchen Sie mit Ihrem definierten Know-how aktiv werden könnten, welche neuen Vertriebschancen sich aus dem ergeben, was Sie tun, oder welche Innovation Seeds sich aus Ihrem Marktimage ergeben. Überlegen Sie, welche konkreten Lösungen Sie in diesen Bereichen anbieten könnten. Da Sie während der Analyse die Probleme der verschiedenen Branchen noch nicht kennen, sind Sie darauf angewiesen, ähnlich wie beim wissenschaftlichen Arbeiten Thesen zu bilden. Diese Thesen sind ein fundierter Ausgangspunkt für die Suche nach konkreten Innovationschancen.

Tipp Stellen Sie sich vor, Sie haben konkrete Lösungen definiert. Sie sitzen im Workshopraum, die Gardinen sind offen. Jemand aus einer anderen Branche kommt vorbei und ruft erfreut: »Das ist genau das, was ich jetzt brauche!« Fragen Sie sich: Wer könnte diese Person sein? Und welches Problem könnte sie haben?

Anhand von Beispielen aus der Praxis lernen Sie die vier Schritte der Analyse Ihrer Lösungskompetenzen näher kennen.

Beispiel Paul, der Taucher, ist auf Jobsuche. Er ist Anfang zwanzig und hat die letzten drei Jahre auf den Malediven als Tauchlehrer gearbeitet. Er hat sich entschlossen, nach Deutschland zurückzukehren, um einen »ordentlichen« Beruf auszuüben. Sein Problem: Paul hat keine Ahnung, wofür der Beruf des Tauchlehrers gut ist – außer natürlich dazu, Menschen das Tauchen beizubringen. Und dass sich drei Jahre Malediven nur sehr schwer als akademischer Auslandsaufenthalt verkaufen lassen, ist ihm ebenfalls klar. Paul überlegt, worin genau seine Lösungskompetenzen bestehen.

Lösungskompetenzen aus seiner Tätigkeit der »Schulung«

- Was tut Paul? Tauchlehrer bereiten Menschen innerhalb weniger Tage darauf vor, sich selbstständig oder mit Partner in gefährliche Situationen zu begeben und die gängigen Sicherheitsregeln des Tauchens anzuwenden.

- Welches Know-how steckt dahinter? Es geht um eine schnelle und gezielte Vermittlung von Lerninhalten mit dem Schwerpunkt Sicherheit.
- Was nützt dieses Know-how? Paul kann auf Basis seiner Erfahrungen als Tauchlehrer – vorausgesetzt er verfügt über konzeptionelles Denkvermögen – Schulungskonzepte für Sicherheitsfragen entwerfen und entsprechende Lehrgänge abhalten.
- Welche konkreten Innovationschancen ergeben sich daraus? Paul könnte innovative Konzepte für Sicherheitsschulungen anbieten, indem er sie kompakter gestaltet und – ähnlich wie bei Tauchschulungen – die Inhalte bildhaft und einfach verständlich aufbereitet.

Innovative Konzepte für Sicherheitsschulungen entwickeln: Diese Lösungskompetenz ergibt sich aus dem, was Paul bislang getan hat. Dazu braucht es natürlich noch einen Markt, der innovative Konzepte benötigt beziehungsweise von innovativen Schulungsansätzen überzeugt werden kann. Das Verständnis für seinen potenziellen neuen Markt bekommt Paul später in der explorativen Phase, die im nächsten Kapitel ausführlich beschrieben wird. Er knüpft Kontakte zu Sicherheitsbeauftragten und Unternehmen, die in diesem Bereich arbeiten, fragt, welche Probleme dort existieren, und analysiert, inwieweit er mit seinen Lösungskompetenzen innovative Ansätze entwickeln kann.

Lösungskompetenzen aus seinem Umgang mit Technik

- Was tut Paul? Er hat das technische Equipment zum Tauchen gepflegt, gewartet und repariert.

- Welches Know-how steckt dahinter? Paul weiß, wie Lungenautomaten aufgebaut sind, wie sie funktionieren und wie sie instand gehalten werden. Er kennt sich mit Maschinen aus, die Tauchflaschen mit Druckluft befüllen.
- Was nützt dieses Know-how? In zahlreichen Branchen wird mit Überdruck gearbeitet – ob mit Gasflaschen im Campingbereich, mit Sauerstoffflaschen in der Medizin oder beim Transport von Gasen allgemein. Paul kennt sich zumindest mit dem Prinzip und den Sicherheitsregeln bei der Arbeit mit Überdruck aus.
- Welche konkreten Innovationschancen ergeben sich daraus? Paul kann beispielsweise den Einsatz von Überdruckbehältern sicherer machen, indem er dort seine Erfahrung in der Pflege und Wartung solcher Geräte einfließen lässt.

Wie genau seine konkreten Innovationen später aussehen, hängt von Marktbedürfnissen ab. In der explorativen Phase beginnt Paul zu recherchieren, inwieweit es Sicherheitsprobleme in verschiedenen Branchen gibt, für die er mit seinem speziellen Know-how innovative Lösungen entwickeln kann.

Lösungskompetenzen aus seiner Kenntnis der Meeresbiologie

- Was tut Paul? Er hat Touristen die Meeresbiologie näher gebracht und nackte Zahlen, Daten und Fakten in spannende Geschichten verwandelt.

- Welches Know-how steckt dahinter? Sein Wissen besteht aus guten Kenntnissen über Fische, Pflanzen und Korallen an Riffen, verbunden mit Erzähltalent.
- Was nützt dieses Know-how? Pauls Wissen stiftet überall dort Nutzen, wo eine profunde (wenn auch nicht allzu tiefe) Kenntnis von Meeresbiologie in Verbindung mit einer unterhaltsamen Erzählweise benötigt wird.
- Welche konkreten Innovationschancen ergeben sich daraus? Paul könnte unterhaltsame Audioguides für Meeresaquarien oder Zoos konzipieren. Vielleicht könnte er auch ein unterhaltsames Buch über die Bewohner von Riffen schreiben, eine App für Meeresbiologie konzipieren oder als Berater in Trickfilmstudios arbeiten, die Comics konzipieren, die unter Wasser spielen. Zugegeben: »Findet Nemo« gibt es bereits, aber das Beispiel soll die Methodik verdeutlichen.

Bei der Karriereplanung ist es durchaus üblich, sich zu überlegen, was man kann, welchen Nutzen dieses Know-how hat und welche neuen Chancen sich daraus ergeben. Das fällt dem einen leichter, dem anderen schwerer. Was ein mittelständischer Maschinenbauer mit einem Philosophen anfangen soll, ist im ersten Moment schwer erkennbar. Es sei denn, das Unternehmen arbeitet gerade an seiner Unternehmensphilosophie. Dann könnten die Lösungskompetenzen möglicherweise gefragt sein.

Beispiel Bis in die 90er-Jahre hinein ist die Branche der Fotolabore gewachsen. Das Geschäftsmodell bestand darin, die Entwicklung von Fotos zu zentralisieren. Kunden gaben im Einzelhandel ihre fertig belichteten Filme ab, Großlabore sammelten sie über ein eigenes Logistiksystem ein, brachten sie zur Entwicklung ins Labor und lieferten sie kurz darauf wieder an die Einzelhandelsfilialen aus.

Ende der 90er-Jahre begann der Siegeszug der Digitalisierung in der Fotobranche. Heute werden nur noch sehr wenige Analogfilme entwickelt. Für ein Unternehmen, dass in einer solchen Situation überleben will, gibt es nur zwei Möglichkeiten: Eine radikale Neuorientierung hin zu einem anderen Geschäftszweig oder eine Transformation des bisherigen Geschäftsmodells. In beiden Fällen sind die Lösungskompetenzen des Unternehmens der treibende Faktor.

Schritt 1: Was tut das Unternehmen?
Beschränkt man das Unternehmen auf den Bereich der Fotofilmentwicklung, ergeben sich praktisch keine Wachstumsmöglichkeiten. Im ersten Schritt gilt es deshalb, alle Tätigkeitsfelder des Unternehmens aufzuschlüsseln, die die Basis des derzeitigen Kerngeschäfts sind.

- **Tätigkeitsfeld 1:** Fotoentwicklung. Dies umfasst die Entwicklung von Fotos, jedoch auch die Anfertigung von Spezialprodukten wie beispielsweise Tassen, Mousepads oder anderen Gegenstände, die mit Fotos versehen werden.

- **Tätigkeitsfeld 2:** Logistik. Das Unternehmen verfügt über ein Logistiksystem, das täglich in der Lage ist, Lieferungen von verschiedenen Einzelhandelsgeschäften an eine Zentrale zu vollziehen, dort die Lieferung zu bearbeiten und diese zurückzusenden.
- **Tätigkeitsfeld 3:** Prozess der Bearbeitung individualisierter Produkte. Das Unternehmen bearbeitet jede Bestellung einzeln, wobei jede dieser Bestellungen unterschiedlich ist.

Die drei Tätigkeitsfelder sind beispielhaft. Es gibt noch weitere, zur Verdeutlichung der Analyse des Innovationspotenzials sollen diese jedoch genügen.

Schritt 2: Welches Know-how steckt hinter den Tätigkeiten?
Jedes Tätigkeitsfeld eines Unternehmens braucht spezifisches Know-how, damit es optimal ausgeführt werden kann. Das Fotolabor hat verschiedene Know-how-Felder:

- **Know-how-Feld 1:** Fotoentwicklung. Das Unternehmen kennt sich mit der schnellen und präzisen Entwicklung von Fotofilmen aus. Dazu gehören die Konfiguration der Maschinen, der Ablaufprozess innerhalb der Produktionsstätten sowie der Umgang mit der Chemie.
- **Know-how-Feld 2:** Logistik. Das Unternehmen kennt sich in der Organisation komplexer Logistikprozesse von dezentralisierten Standorten (hier in Form von Einzelhandelsgeschäften) hin zu einem zentralen Fertigungsstandort sowie mit der Lieferung vom zentralen Standort an dezentrale Standorte aus.

- **Know-how-Feld 3:** Fertigung individualisierter Produkte. Das Unternehmen kennt die Abläufe, die es benötigt, um Bestellungen individualisiert zu bearbeiten und die verschiedenen Bestandteile der Bestellung mit hoher Präzision wieder zusammenzuführen.

Schritt 3: Herausstellung des Nutzens

In diesem Schritt wird der spezifische Nutzen herausgestellt, den die einzelnen Know-how-Felder dieses Unternehmens auf einer übergeordneten Ebene bieten.

- **Feld 1:** Entwicklung von Filmen. In der Praxis hat sich gezeigt, dass es extrem schwer ist, dieses Know-how zu übertragen. Bei der Weiterentwicklung des Unternehmens wurde dieses Know-how deshalb nicht berücksichtigt.
- **Feld 2:** Logistik. Das Unternehmen kann immer dort einen Nutzen bieten, wenn Einzelpersonen oder Unternehmer Waren oder andere Güter an dezentralen Standorten auflesen und sie zu zentralen Standorten liefern müssen. Auch die Logistik in die entgegengesetzte Richtung kann das Unternehmen leisten. Dadurch ist es in der Lage, Logistikprozesse zu optimieren.
- **Feld 3:** Das Unternehmen ist in der Lage, Bestellungen, die ein hohes Maß an Individualität beinhalten, schnell und effektiv abzuarbeiten. Diese Bestellungen müssen sich nicht auf das bisherige Tätigkeitsfeld beschränken.

Schritt 4: Konkrete Innovationschancen herausarbeiten

In diesem Schritt wird herausgearbeitet, welche Art von Lösungen das Unternehmen auf Basis des in Schritt 3 definierten Nutzens schaffen kann. Dieser Teil ist hochkreativ. Ähnlich wie bei einer wissenschaftlichen Arbeit werden zunächst Thesen gebildet, welche Lösungen auf Basis des Know-hows angeboten werden können. Im nächsten Schritt wird dann analysiert, inwieweit es wirklichen Bedarf für diese Lösungen gibt.

- **Feld 1:** Für die Entwicklung neuer Geschäftsfelder spielt dieses Feld keine Rolle mehr.
- **Feld 2:** Das Fotolabor kann durch seine Logistik Einzelhändler dabei unterstützen, ihr Warensortiment zu erweitern, indem Produkte außerhalb des bisherigen Portfolios an einem zentralen Lager liegen, bestellbar und damit schnell lieferbar sind. Es kann anderen Unternehmen (zum Beispiel Einzelhändlern) helfen, Warenbestände untereinander auszutauschen und es damit beispielsweise Modeketten ermöglichen, weniger Ware einzukaufen, da die Verteilung der Kleidungsstücke zwischen verschiedenen Filialen schnell neu organisiert werden kann.
- **Feld 3:** Das Fotolabor kann es seinen Kunden (Einzelhandel) ermöglichen, individualisierte Produkte anzubieten, bei denen eine Beratungsleistung vor Ort im Geschäft erbracht und darauf basierend das entsprechende Produkt produziert wird. Die logistische Abwicklung kann der Fotolaborant übernehmen.

Das Unternehmen geht mit Annahmen in die explorative Phase. In diesem Fall werden zur Verdeutlichung des Innovationspotenzials Probleme definiert, die Kunden haben könnten. Die Beschreibung dieser Problem-Hypothesen ist ein Ausgangspunkt für die Kundenbeobachtung und Interviews mit Kunden. Kundenprobleme, die das Unternehmen lösen kann, lauten beispielsweise:

Feld 2: Logistik

- **Filialleiter:** »Wir kriegen immer wieder Anrufe von anderen Filialen, die von bestimmten Kleidungsstücken zu wenig oder zu viel haben. Die Waren schnell und zuverlässig zwischen den Filialen hin und her zu transferieren, ist jedoch sehr aufwendig. Geht das nicht einfacher?«

Feld 3: Produktion individualisierter Produkte

- **Filialleiter:** »Wir leiden sehr unter dem Internet. Kunden können die gleichen Waren, die sie bei uns finden, auch im Internet einkaufen. Gibt es Produkte, die wir mit einer Beratungskompetenz verbinden können und die uns helfen, ein einzigartiges Angebot im Markt zu platzieren?«
- **Inhaber einer kleinen Manufaktur für individuelle Produkte:** »Wenn ich einen Vertriebspartner hätte, der die gesamte Kette von der Bestellung über die Abwicklung bis hin zur Lieferung übernehmen könnte, könnte ich viel mehr produzieren und meine Produktionsstätte damit besser auslasten. Gibt es hier jemanden?«

Formulierung der Lösungskompetenzen

Eine Besonderheit bei der Analyse der Lösungskompetenzen ist, dass die einzelnen Kompetenzfelder zwar ausgehend vom eigenen Unternehmen analysiert, jedoch rückwärts formuliert werden.

Beispiel für die Formulierung einer Lösungskompetenz: »Dem Einzelhandel Wettbewerbsvorteile gegenüber dem Internet verschaffen«.

Das Großlabor kann Einzelhändlern dabei helfen, Wettbewerbsvorteile gegenüber konkurrierenden Internethandlungen aufzubauen. Es kann Kunden ermöglichen, beratungsintensive Produkte ins Sortiment aufzunehmen, bei denen ausgehend von der Beratungsleistung eines Verkäufers oder einer Verkäuferin individualisierte Produkte produziert und ins Geschäft geliefert werden. Das Großlabor hat ein Know-how in der Produktion individualisierter Produkte. Es praktiziert dies bereits seit Jahren erfolgreich in der Produktion individualisierter Fotoprodukte.

Die so formulierte konkrete Innovationschance ist die »Eintrittskarte« in die vier Phasen der radikalen Innovation. Das Suchfeld ist auf die Bereiche begrenzt, in denen das Großlabor auf Basis der eigenen Stärken und des eigenen Know-hows neue Angebote entwickeln kann. Diese so formulierten Innovationschancen werden in der explorativen Phase getestet und weiterentwickelt. Möglicherweise ist das Ergebnis, dass sich Kundenbedürfnisse im Zusammenhang mit der Individualisierung von Produkten nach

Abschluss der explorativen Phase ganz anders darstellen als zunächst angenommen. Doch ohne Annahmen in den Prozess der radikalen Innovation zu starten, ist wie ein Arbeitstag ohne Ziel: Das Ziel kann sich ändern und neuen Gegebenheiten anpassen, vielleicht kommt man Ende des Tages dort an, wo man eigentlich gar nicht hinwollte. Doch wer ohne Ziele startet, kommt nicht einmal dort hin, wo er eigentlich nicht hinwollte.

Fazit Wenn Sie auf der Suche nach Neuem sind, macht es zunächst Sinn, sich zu überlegen, was Sie können – und darauf aufbauend eine Strategie zu entwickeln. Der Schlüssel zu Ihren Lösungskompetenzen ist die Beschreibung des Nutzens, den Ihr Know-how bietet. Wenn Sie diesen Nutzen als Ihre eigentliche Kompetenz betrachten, sehen Sie Ihr Unternehmen mit neuen Augen. Formulieren Sie am Ende klar und deutlich die Probleme, die Sie lösen können. Es dient dazu, Innovationschancen konkret und fassbar zu machen.

Innovation Seeds aus versteckten Kundenbedürfnissen ableiten

»Wir wissen genau, was unsere Kunden wollen.«

»Wozu soll ich meine Kunden fragen? Ich kenne sie doch.«

»Meine Kunden erzählen mir ihre Probleme offen und ehrlich.«

Wissen Sie alles über Ihre Kunden? Das ist die denkbar ungünstigste Voraussetzung für radikale Innovation. Antworten wie diese führen geradewegs in die Zufriedenheitsfalle: Weil alles prima läuft, weil die Kunden zufrieden sind und weil sie dem Unternehmen dankbar jedes ihrer Probleme erzählen, vergessen Sie irgendwann, tiefer zu bohren. Wozu auch? Es ist doch alles bekannt.

Beispiel Wenn Sie Kunden zuhören, kann das zu erfolgreichen neuen Produkten führen. Diese Erfahrung machte beispielsweise der Reiseveranstalter Thomas Cook. Sportbegeisterte Urlauber fragten Mitarbeiter des zum Konzern gehörenden Veranstalters Öger Tours, warum sie in der Türkei nicht einfach einen Marathon veranstalten würden. Gesagt, getan: Öger Tours entwickelte den Runtalya, einen Marathon in Antalya. Jedes Jahr zur auslastungsschwachen Zeit Anfang März pilgern nun tausende Sportbegeisterte nach Antalya, um dort einen Marathon zu laufen.

Häufig ist es nicht so einfach wie beim Runtalya. Sie müssen tiefer bohren. Radikale Innovation beruht in der Regel auf versteckten Bedürfnissen, die selbst die Kunden noch nicht kennen.

- Haben Sie vor zwanzig Jahren die Möglichkeit vermisst, eine SMS zu schreiben?
- Hatten Sie früher das Gefühl, dass Ihr Leben ohne Navigationsgeräte praktisch nicht zu bewältigen war?
- Wie oft haben Sie vor der Erfindung von NESPRESSO Ihren Lieblingskaffeehersteller angerufen und gesagt: »Ich hätte gerne ein Kaffee-Kapselsystem, bei dem ich meinen Kaffee nicht mehr im Geschäft kaufen kann, sondern nur noch über das Internet.«

All diesen radikalen Innovationen liegt kein offenes Kundenbedürfnis zugrunde, sondern ein verstecktes: SMS machen es möglich, kleine, kurze Nachrichten zu versenden. Diese konnten auch früher übermittelt werden – allerdings nur per Telegramm oder als Audiobotschaft aus der Telefonzelle. Das Kundenbedürfnis, jemanden schnell über irgendetwas zu informieren, war da, aber verdeckt. Wenn Sie einen Autofahrer vor zwanzig Jahren zu Landkarten und Stadtpläne befragt hätten, hätte seine Antwort wahrscheinlich gelautet: »Bitte machen Sie die Nebenstraßen etwas größer, ich kann sie nicht

»The Americans have need of the telephone, but we do not. We have plenty of messenger boys.«

[Sir William Preece, 1834 – 1913, Chefingenieur der britischen Post]

richtig sehen.« Nicht gehört hätten Sie hingegen: »Schaffen Sie endlich die Pläne ab! Ich wünsche mir ein kleines Gerät, das mich automatisch zum Ziel führt.« Und NESPRESSO liegt das Kundenbedürfnis zugrunde, schnell und einfach zu Hause leckeren Espresso zuzubereiten.

SOKO Radikal: Die Parallele zwischen Innovationsteams und polizeilichen Ermittlern

Radikale Innovation hat mehr mit investigativer polizeilicher Ermittlungsarbeit als mit klassischem Management zu tun. Jede Sonderkommission, die versucht, einen größeren Fall aufzuklären, dringt in unbekanntes Terrain vor – sei es ein großes Wirtschaftsdelikt, Internetkriminalität oder die mafiöse Struktur einer Rauschgiftorganisation: Es geht darum, ein bestimmtes, bislang verborgenes Gebiet möglichst vollständig zu erfassen und ans Licht zu bringen. Dazu entwickeln Ermittler in kürzester Zeit eine Vielzahl kreativer Hypothesen, verfolgen, verändern und verifizieren sie schließlich. Das Ziel: Durchbrüche zu erzielen, die weit außerhalb der täglichen Routine liegen.

Bei der Suche nach versteckten Kundenbedürfnissen benötigen Sie Teammitglieder, die Sie sich auch in einer Ermittlungseinheit der Polizei gut vorstellen können: hartnäckige Rechercheure und Menschen mit einem hohen Maß an Einfühlungsvermögen. Was sie brauchen, sind primär Entdeckerqualitäten: Eine ausgeprägte Neigung, Grundannahmen, die bisherigen Produkten und Innovationen zugrunde lagen, infrage zu stellen, eine unersättliche Neugier, hinter die Fassaden des Offensichtlichen zu blicken, den Willen, Neues herauszufinden, auch wenn möglicherweise viele andere sagen, dass es nichts Neues mehr gibt.

Tipp Ergänzen Sie das Team in dieser Phase um hartnäckige Rechercheure, beispielsweise investigative Journalisten. Sie bringen Ihnen häufig dort neue Erkenntnisse und Ansätze, wo andere mit weniger Biss aufgeben.

Teammitglieder müssen sich im unsicheren Terrain wohlfühlen: Häufig ist weder das Produkt bekannt, mit dem ein Unternehmen künftig Erfolg haben möchte, noch gibt es eine klar definierte Zielgruppe oder gar so etwas wie einen Markt. Im ersten Schritt will man sich erst einmal darüber klar werden, was man nicht weiß, aber wissen müsste. Es gilt, unbekanntes Unwissen zu identifizieren – jenes Unwissen, von dem man nicht einmal weiß, dass man es hat. Im Gegensatz zu bekanntem Unwissen: Wenn man erst einmal weiß, was man nicht weiß, ist man einen Schritt weiter. Man weiß, wonach man suchen muss.

Unbekanntes Unwissen	Bekanntes Unwissen
Ihr Nachbar ist ein Drogendealer. Sie wissen es aber nicht, grüßen ihn jeden Tag und nehmen sogar die Pakete an, die ein freundlicher Kurier mit Rastalocken jeden Vormittag bringt.	Sie wissen, dass Ihr Nachbar mit Drogen dealt, Sie wissen nur nicht, mit welchen Drogen und in welchem Ausmaß. Den Paketboten bitten Sie, Sendungen künftig bei Frau Müller abzugeben.
Bei einem Ihrer Kunden im B2B-Bereich fand eine Umstrukturierung statt, von der Sie nichts erfahren haben. Ihr Vertriebsmitarbeiter vor Ort hat davon erfahren, der Tatsache aber keine Bedeutung beigemessen.	Ihnen ist bewusst, dass es neue Arbeitsabläufe und Entscheidungsstrukturen bei Ihren Kunden gibt, die Sie aber nicht kennen. Weil Sie jetzt wissen, was Sie nicht wissen, können Sie systematisch recherchieren.

Beobachten Sie! Und hinterfragen Sie das Offensichtliche!

Bei inkrementeller Innovation können Sie Kundenbedürfnisse häufig durch einfaches Nachfragen herausbekommen und entsprechende Produkte, Dienstleistungen oder Geschäftsmodelle entwickeln. Radikale Innovation geht einen Schritt weiter. Kundenbedürfnisse existieren, aber sie werden erst durch die Beobachtungen und Thesen des Interviewers artikuliert. Das stellt höchste Ansprüche an die Auswahl der Interviewer: Sie müssen in der Lage sein, während eines Interviews neue Thesen aufzustellen, das Gegenüber damit zu konfrontieren und aus den Antworten erste Chancen abzuleiten.

Fragen, die inkrementeller Innovation zugrunde liegen	Fragen, die radikaler Innovation zugrunde liegen
Was wollen Kunden?	Was werden Kunden morgen wollen?
Worüber beschweren sich Kunden?	Was fällt Kunden schwer, ohne dass sie es wahrnehmen?
Was können wir bei Kunden erfragen?	Was können wir bei Kunden beobachten?
Warum mögen mich meine Kunden?	Warum lehnen mich meine Nicht-Kunden ab?
Welche neuen Zielgruppen können wir ansprechen?	Welche neuen Zielgruppen können wir schaffen?
Was sagt uns die Marktforschung über unsere Kunden?	Was sagt uns die Marktforschung NICHT über unsere Kunden?

Beispiel Diese Geschichte ist reif für Hollywood: Mühsam versucht eine Frau, bei strömendem Regen auf einer Raststätte ihren schwerbehinderten Mann vom Rollstuhl ins Auto zu heben. Der Rollstuhl rutscht ab, der Mann fällt. Roland Arnold beobachtet diese Szene und eilt zur Hilfe. Während er dem Mann ins Auto hilft, kommt ihm die Idee für eine Firma. Das war 1997. Heute hat das Unternehmen 128 Mitarbeiter: Paravan ist eine Firma, die radikale Innovationen für Behinderte entwickelt hat: Autos, mit denen selbst Schwerstbehinderte fahren können. Geschäftsführer Roland Arnold sagt über die Gründungszeit: »Wir hatten

161.256

keine Ahnung von Behinderungen. Wir sind hingegangen und haben betroffene Menschen beobachtet und interviewt.« Das hat sich bis heute nicht geändert. Jede Behinderung ist anders und erfordert neue Lösungen und neue Ideen. Paravan baut heute Autos, die sich den Kunden anpassen. Wenn sich das Krankheitsbild des Kunden wandelt, verändert sich das Auto mit ihm.

Unerkannten Bedürfnissen auf der Spur: Warum klassische Marktforschung versagt

Welche Rolle spielt Marktforschung? Einerseits ist es ein unverzichtbarer Bestandteil von Innovation, andererseits liefern deren klassische Instrumente häufig nur Erkenntnisse, die ohnehin schon bekannt waren. Bei unserer Arbeit mit großen Konzernen wurden wir von klassischen Marktforschungsstudien immer wieder enttäuscht – schulterzuckend nahmen alle Beteiligten die Ergebnisse zur Kenntnis und versuchten, irgendwo auf zweihundert PowerPoint-Seiten wertvolle Erkenntnisse zu gewinnen. Diese waren nur selten zu finden. Die klassischen Instrumente der Marktforschung sind für radikale Innovation schlichtweg ungeeignet. Methoden wie Telefoninterviews und quantitative Studien sind zwar ein gutes Mittel, um Einstellungen von Verbrauchern abzufragen und damit eine Grundlage für Entscheidungen zu schaffen. Doch Sie fragen damit Meinungen von gestern ab, keine Bedürfnisse von morgen. Auch Focus Groups, bei denen Verbraucher oder Kunden interviewt werden, liefern häufig nur unbefriedigende Ergebnisse.

Beispiel Ein Radiosender wollte die Akzeptanz von Programminhalten testen. Über ein Marktforschungsinstitut wurden Stammhörer rekrutiert. Die Befragung fand zu einem Zeitpunkt statt, als der Sender sechs Wochen lang rund um die Uhr drei Mal stündlich Ferientipps sendete. Als Hörer nach potenziellen Programmideen befragt wurden und nach Dingen, die sie sich wünschen, sagte eine Hörerin: »Wissen Sie, was mal eine tolle Idee wäre? Ferientipps.« Vier andere nickten sofort und sagten: »Ja, das fehlt wirklich. Warum machen Sie so etwas eigentlich nicht?«

Natürlich lässt sich argumentieren, das Marktforschungsinstitut hätte die falschen Befragten rekrutiert. Doch das ist zu kurz gegriffen: Sie waren über aktuelle Programmaktionen ausgesprochen gut informiert. Sie hatten einfach nur eine sehr selektive Wahrnehmung. Unbewusst nahmen sie die Ferientipps offenbar wahr und reproduzierten sie als eigene Idee.

Investigative Marktforschung – Grundlage für radikale Innovation

Eine Methode, verdeckte Kundenbedürfnisse ans Licht zu bringen, ist investigative Marktforschung. Sie ist – wie zu Beginn dieses Kapitels beschrieben – mit investigativer Ermittlungsarbeit oder investigativem Journalismus vergleichbar.

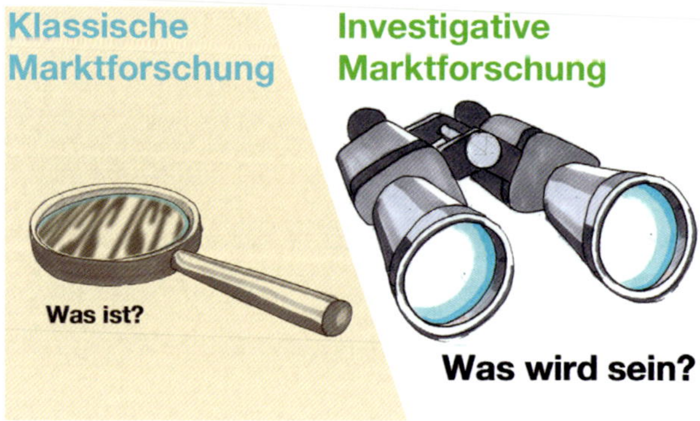

Im Gegensatz zur klassischen ist investigative Marktforschung höchst subjektiv. Bei quantitativen Studien in der klassischen Marktforschung haben Interviewer die Aufgabe, möglichst neutral zu sein. Moderatoren von Focus Groups sind darauf bedacht, niemanden zu beeinflussen. Wenn zehn Menschen das Gleiche beobachten, versucht klassische Marktforschung, das Erlebte oder Gesehene zu objektivieren. Für klassische Marktforscher wäre es ein Super-GAU, zehn verschiedene subjektive Wahrnehmungen statt einer objektiven Analyse als Ergebnis zu liefern. Im Anfangsstadium radikaler Innovation ist genau das jedoch ein Qualitätsmerkmal. Kein Polizeiermittler käme an Ergebnisse heran, wenn er Verdächtige nicht mit Thesen konfrontieren und in Widersprüche verwickeln würde. Auch investigative Journalisten erzielen Erfolge häufig, indem sie Interviewpartner geschickt provozieren. Entsprechend kommen Interviewer und Beobachter, die Kundenmotive analysieren, vor allem dann zu neuen Ergebnissen, wenn sie ihre neutrale Rolle verlassen. Bei investigativer Marktforschung hängt die Qualität gerade davon ab, wie der Interviewer interagiert, welche Rolle er einnimmt und wie er die Ergebnisse persönlich interpretiert.

> *»An investigator starts research in a new field with faith, a foggy idea, and a few wild experiments. Eventually the interplay of negative and positive results guides the work. By the time the research is completed, he or she knows how it should have been started and conducted.«*
>
> **[Donald Cram, 1919 – 2001, Chemie-Nobelpreisträger]**

Ergebnis der investigativen Anfangsphase sind keine getesteten, marktreifen Konzepte, sondern subjektiv aufgestellte Hypothesen. Diese Hypothesen verfolgen in der polizeilichen Ermittlung, im investigativen Journalismus und bei der Suche nach neuen Chancen den gleichen Zweck: Es sind auf fundierten Fakten beruhende Theorien darüber, wie etwas sein könnte. Keine Aussage darüber, wie etwas ist oder war.

Jeder sieht etwas anderes

Die Grundlage radikaler Innovation ist Kreativität – ein höchst individueller Prozess, der erst dadurch entsteht, dass unterschiedliche Menschen die gleichen Informationen unterschiedlich verstehen, anders kombinieren und zu verschiedenen Chancen weiterentwickeln.

Beispiel Sie führen Interviews im Callcenter eines Unternehmens, um zu verstehen, mit welchen Problemen die Kundenberater täglich konfrontiert werden. Sie hören das, was im Unternehmen seit mehreren Jahren immer wieder diskutiert wurde: Kunden haben Schwierigkeiten, die Produkte zu verstehen. Sie sind zu technisch. Verschiedene Beteiligte sehen verschiedene Chancen:

- **Der Techniker:** »Wir brauchen ein neues Schulungskonzept für unsere Berater.«
- **Der Werber:** »Wir können durch einen radikal neuen Ansatz in unserer Produktpolitik eine echte Differenzierung am Markt erreichen.«
- **Der Software-Designer:** »Lasst uns auf klassische Produkte ganz verzichten. Künftig gibt es nur noch eines, und das kann sich der Kunde per Internet individuell konfigurieren.«
- **Der Kundenberater:** »Ich sehe die Chance in einem Tarif, der sich dem Kunden täglich anpasst – und nicht umgekehrt.«

Damit Sie das volle Potenzial verschiedener Sichtweisen nutzen können, müssen Sie Menschen aus verschiedenen Perspektiven beobachten und Gespräche persönlich führen. Denn Ihr Gehirn verarbeitet Informationen folgendermaßen: In jeder Sekunde strömt über Ihr Ohr, Ihr Auge, Ihre Nase und Ihre Haut eine gewaltige Datenmenge auf Sie ein. Ohne dass Sie es merken, reduziert Ihr Gehirn diese zunächst auf ungefähr ein Millionstel. Wenige Schlüsselinformationen genügen, um komplette Sachverhalte zu erfassen. Anschließend werden die Daten durch Assoziationen und Anknüpfungen an Bekanntes wieder aufgestockt. Dieser Vorgang wird auch der Flaschenhals der Reduktion (nach Becker-Carus) genannt und lässt sich in Zahlen ausdrücken: In jeder Sekunde strömen circa 10^9 bit auf das menschliche Gehirn ein. Diese Daten werden auf 10^2 bit/s reduziert und anschließend auf 10^7 bit/s angereichert. Informationen werden sofort personalisiert.

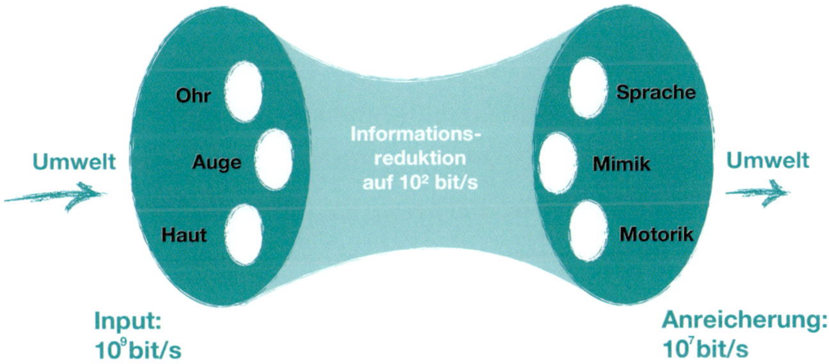

Wenn Sie die Ergebnisse einer Marktforschung präsentiert bekommen, gehen Ihnen sämtliche Informationen verloren, die Sie hören, sehen, riechen oder fühlen könnten. Wenn Sie einer moderierten Gruppendiskussion zuhören, erleben Sie ein bisschen mehr. Doch ist dies nichts im Vergleich zu dem, was Sie erleben, wenn Sie bei Kunden zu Hause Dinge sehen, Abläufe beobachten und nachfragen, wo immer es etwas nachzufragen gilt. Sie nehmen Ihrem Gehirn systematisch die Möglichkeit, blitzschnell Gehörtes durch eigene Erfahrungen und Assoziationen anzureichern.

Wie hoch innovative Unternehmer Chancen entdecken

Die Professoren Jeffrey H. Dyer, Hal B. Gregersen und Clayton M. Christensen haben systematisch hoch innovative Unternehmer wie Ebay-Gründer Pierre Omidyar, Amazon-Chef Jeff Bezos, den verstorbenen Apple-Chef Steve Jobs und Alan G. Lafley, den langjährigen CEO von Procter & Gamble, untersucht. All diese Unternehmer tun genau das: Informationen höchst subjektiv bewerten. Sie besitzen eine Reihe von Fähigkeiten, die Dyer, Gregersen und Christensen »The Innovator's DNA« nennen: Fünf Entdeckerfähigkeiten, die es diesen hoch visionären Unternehmern erlauben, Gelegenheiten zu erkennen, die andere nicht wahrnehmen. Dazu gehören:

- Das ständige Hinterfragen des Status quo. Nachdem Marc Benioff, der Gründer von Salesforce, den Erfolg von Amazon und eBay sah, begann er, das Vertriebsmodell von Software radikal zu hinterfragen. »Warum laden und upgraden wir Software immer noch so, wie wir es immer getan haben, wenn wir es doch über das Internet tun können?«
- Beobachtung, um kleine Details im Verhalten von Kunden, Lieferanten und anderen Unternehmen zu entdecken, die andere übersehen. Scott Cook, der Gründer der Quicken Software, erklärte: Beim Beobachten von Arbeitsabläufen gebe es häufig Überraschungen, die zu neuen Geschäftsideen führten.
- Experimentieren, um neue Erfahrungen zu machen. Amazon-Gründer Jeff Bezos ermutigt seine Mitarbeiter, in Sackgassen zu gehen und zu experimentieren. »Wenn wir Prozesse de-

zentralisieren, um mehr Experimente durchführen zu können, erhalten wir viel mehr Innovationen.«

- Networking, um ständig neue Eindrücke durch Menschen mit unterschiedlichsten Sichtweisen zu sammeln. Mike Lazaridis, einer der Väter des Blackberry, besuchte 1987 eine Konferenz, auf der ein neues, drahtloses Übertragungssystem vorgestellt wurde, das Cola-Automaten ein Signal sendete, wenn sie nachgefüllt werden mussten. »Da traf es mich«, erinnert sich Lazaridis in der Studie – die Idee für den ersten Blackberry war geboren.
- Assoziieren: Die ständige Verknüpfung von neuen Antworten, Beobachtungen, Ergebnissen aus Experimenten und anderen Ansichten. Steve Jobs beschrieb es mit den Worten: »Kreativität heißt, Dinge zu kombinieren.«

Studien wie diese beinhalten eine gute und eine schlechte Nachricht. Die schlechte: Niemand ist in der Lage, Ihnen durch Informationen wie die jährliche Kundenzufriedenheitsanalyse Hinweise auf wirklich weitreichende Innovationschancen zu liefern. Die gute: Wenn Sie erfahren, dass Ihre Mitbewerber gerade 100.000 Euro für eine Marktstudie ausgeben, können Sie sich entspannt zurücklehnen. Ihre eigene, subjektive Interpretation bekannter Fakten und Ihre persönlichen Beobachtungen bei Kunden sind Erfolg versprechender als die Suche nach neuen Chancen mit Methoden, die für etwas ganz anderes entwickelt wurden.

Verborgenen Bedürfnissen auf der Spur: Die ZAUBER-Formel

Doch wie genau kann man unbekannten Bedürfnissen auf die Spur kommen? Welche Beobachtungen führen zu neuen Chancen? Und was können Sie konkret hinterfragen? In der Praxis hat sich das Vorgehen mit der ZAUBER-Formel als sehr praktikabel und effektiv erwiesen. Statt alles zu beobachten, fokussieren Sie auf die Felder mit innovativem Erfolgspotenzial.

Z – Zeitfresser

Was sind Zeitfresser bei den Befragten? Beobachten Sie Abläufe, erfragen Sie Prozesse und analysieren Sie, wo der Befragte unnötig viel Zeit verschwendet. Sie nehmen dabei den Blickwinkel eines Experten für Rationalisierung ein. Sie gehen zunächst einmal grundsätzlich davon aus, dass alles schneller gehen kann.

Wann immer Sie Abläufe finden, bei denen Sie das Gefühl haben, sie könnten schneller sein, hinterfragen Sie: »Warum wird das so gemacht? Warum geht das nicht schneller? Was würde denn passieren, wenn es eine Lösung gäbe, die diesen Prozess beschleunigt?«

Beispiel Der Erfolg der vielen sogenannten Apps, die Sie für Smartphones wie Google Android-Telefone, das Apple iPhone, Handys mit dem Betriebssystem von Microsoft oder dem Blackberry finden, beruht darauf, dass sie Zeit sparen. Die meisten Probleme ließen sich auch früher schon lösen – es dauerte einfach nur länger. So konnten Sie über eine mobile Web-Seite bereits vor Jahren Fahrpläne der Deutschen Bahn abrufen und waren sehr gut informiert. Die Apps haben dies jedoch deutlich beschleunigt.

Wann immer Sie es schaffen, Lösungen zu entwickeln, die sehr viel Zeit sparen – ohne das Leben an einer anderen Stelle zu verkomplizieren – werden Menschen diese Lösung akzeptieren.

A – Aufwand reduzieren

Wo immer unnötiger Aufwand entsteht, müssen Menschen über etwas nachdenken, was ihnen nicht wirklich weiterhilft; müssen Arbeitsschritte gegangen werden, die kompliziert und somit fehleranfällig sind; müssen sich mehrere Menschen mit Dingen beschäftigen, mit denen sich sonst auch nur eine Person beschäftigen könnte. Diese radikale Innovation bei Ablaufprozessen macht häufig neue Geschäftsmodelle erst möglich.

Beispiel Als Thomas Edison herausfand, wie man die menschliche Stimme aufnehmen kann, überlegte er sofort, wo unnötiger Aufwand entsteht. Er beobachtete, wie Chefs Briefe diktierten. Sie diktierten einen Text, den ihre Assistentin zunächst in Steno-Schrift niederschrieb und anschließend abtippte. Edison dachte sich: zu viel Zeitverlust. Sein erster Phonograph war ein Diktiergerät für Chefs, um Texte schneller zu diktieren. Der Phonograph bekam später unzählige weitere Anwendungsfelder. So wurde das Gerät zum Vorläufer des Grammofons und Edison der erste Musikproduzent der Welt – in seinen Laboren in West Orange (New Jersey) nahmen die ersten »Popstars« der Musikgeschichte Lieder für den Phonographen auf, während Edison und seine Techniker in den Werkstätten daneben an neuen Geräten arbeiteten.

U – Unwissen

Wo immer jemand eine Lösung präsentiert bekommt, die es erlaubt, schneller oder besser an relevante Informationen zu gelangen oder sogar Informationen zu erhalten, von denen nicht einmal bekannt war, dass sie hilfreich sein könnten, haben Sie eine Chance, Märkte zu verändern. Überlegen Sie: Hätten Sie nicht selbst gerne folgende Informationen?

- Welche Leistungen bietet mein Mitbewerber zu welchem Preis an?
- Wie denkt die Person, die letztlich über den Einkauf/die Anschaffung entscheidet?
- Welche Produkte wird mein Mitbewerber im kommenden Jahr auf den Markt bringen?
- Was muss ich tun, um im Wettbewerb nicht abgehängt zu werden?
- Sagt der Bewerber wirklich die Wahrheit? Möchte die Person wirklich länger für dieses Unternehmen arbeiten oder sucht sie nur ein Sprungbrett für die große Karriere?

Gehen Sie auf bestimmte Situationen ein und fragen Sie: »Was wissen Sie in dieser Situation *nicht*?« »Was würden Sie dazu gerne wissen? Mit welchen Informationen könnten Sie schneller und besser arbeiten oder entscheiden?«

Beispiel Vielleicht erinnern Sie sich noch vage an die Zeiten, als Sie mit einem flauen Gefühl in den Urlaub fuhren: »Hält das Urlaubshotel das, was der Katalog verspricht?« Diese Zeiten sind vorbei. Dank Bewertungspor-

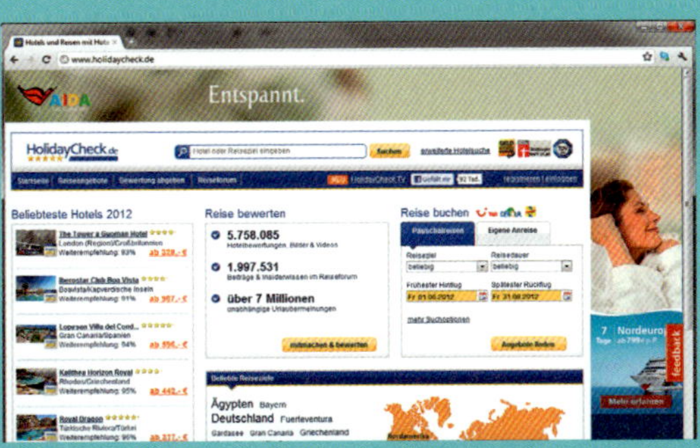

173.256

talen wie *holidaycheck.de* oder *tripadvisor.com* wissen Sie, wie Urlauber vor Ihnen das Hotel empfunden haben, das Ihnen gerade ein freundlicher Reiseanbieter empfohlen hat. Das Geschäftsmodell dieser Portale beruht darauf, Kunden Informationen zu geben, die sie vorher nicht hatten.

B – Budget

Ob Aldi, Skype oder Schnäppchenportale im Internet. All diesen Geschäftsmodellen oder Produkten, die bei ihrer Markteinführung radikale Innovationen waren, liegt eine einfache Frage zugrunde: Wie können wir Dinge radikal billiger machen? Aldi hat das Sortiment radikal reduziert und eigene Marken aufgebaut, Skype hat kostenlose Telefonie und Videokommunikation ermöglicht und in Schnäppchenportalen finden Geizkragen das, was Sie suchen. Hinterfragen Sie dazu, wofür Ihre Interviewpartner Geld ausgeben. Und überlegen Sie, ob sich hieraus Möglichkeiten und Ansätze für radikale Billigangebote ergeben.

Zu den radikalsten Innovationen der Versicherungs- und Energiebranche gehörten in den letzten Jahren Portale, die es Verbrauchern ermöglichen, Preise und Angebote zu vergleichen. Dies sorgt für eine bis dahin nicht vorhandene Transparenz im Markt. Während man früher seinen Versicherungsvertreter anrief, um eine Kfz-Haftpflicht- und -Teilkaskoversicherung fürs Auto abzuschließen, geht man heute auf ein Vergleichsportal und findet mit nur wenigen Mausklicks die günstigste Versicherung. Anträge werden meist direkt online abgeschlossen, sodass man sogar noch das Geld für die Briefmarke spart.

Beispiel Budgets zu schonen ist auch die Grundlage der Billigflieger, die heute zwischen europäischen Großstädten hin und her fliegen. Diese Geschäftskonzepte beruhen ausschließlich darauf, billig zu sein. Wie ernst diese Unternehmen das meinen, erfahren Sie am eigenen Leib, wenn Sie am Berliner Flughafen 37 Minuten vor Abflug versuchen, für einen easyJet-Flug einzuchecken. Obwohl die Fluggesellschaft Sie theoretisch noch mitnehmen könnte, werden Sie einfach stehen gelassen. Über dem Schalter lesen Sie: »If you're late, we won't wait.«

Wenn Sie all das, was nett, aber nicht notwendig ist, aus Produkten, Dienstleistungen oder Abläufen herausnehmen, können Sie radikale Innovationen generieren, indem Sie Dinge radikal billiger machen. Bei der Befragung oder Beobachtung nehmen Sie dabei die Rolle des Geizkragens ein. Es reicht nicht, Menschen zu fragen, wo sie glauben, sie würden zu viel Geld ausgeben. Suchen Sie vielmehr nach Situationen, in denen sich die Befragten bereits damit abgefunden haben, dass sie viel Geld kosten. Denken Sie dabei wie Dagobert Duck! Wo immer etwas billiger geht, nehmen Sie sich vor, es billiger zu machen.

E – Ergebnisse verbessern

Wann immer Sie Ergebnisse verbessern können, haben Sie einen guten Ansatzpunkt für radikale Innovation – seien es Suchergebnisse, Präsentationsergebnisse, Selbstdarstellungsergebnisse, Arbeitsergebnisse oder inhaltliche Ergebnisse. Der Gedanke, Ergebnisse zu verbessern, lag zahlreichen Erfindungen der Geschichte zugrunde. Schon der Speer war eine Ergebnisverbesserung bei der Jagd und bei Auseinandersetzungen. Römische Aquädukte, die Wasser über zig Kilometer in die Städte transportierten, verbesserten die Ergebnisse genauso wie die Dampfmaschine oder die ersten Webmaschinen.

Ergebnisse zu verbessern kann im Alltag heißen: auch ein höheres Maß an Kundenzufriedenheit zu erlangen, weniger Fälle zu haben, in denen nachgebessert werden muss, bessere Entscheidungen treffen zu können oder im Privatleben das richtige Geschenk für eine Person auszuwählen, wo man früher regelmäßig danebengriff. Dass man Ergebnisse verbessern kann, spüren Sie entweder durch ein unterschwelliges Grummeln, das heißt, dass der Befragte mit dem Ergebnis nicht hundertprozentig zufrieden ist. Häufig stecken Befragte viel zu sehr in ihrer Situation drin und haben sich bereits mit bestimmten Umständen abgefunden. Die Suche nach Chancenfeldern zur Ergebnisverbesserung setzt einen aktiven Interviewer voraus, der Möglichkeiten erkennt, die das Gegenüber vielleicht nicht einmal sähe, wenn man ihn oder sie direkt darauf anspräche.

Beispiel Ein Beispiel für eine Innovation, die Ergebnisse verbessert, ist Prezi, eine Online-Alternative zu PowerPoint. Prezi gibt Ihnen die Möglichkeit, Präsentationen dynamisch und beweglich zu machen und sich vom Heer derer zu unterscheiden, die mit PowerPoint arbeiten. Im

Prinzip käme die Welt auch ohne Prezi aus, doch das Bedürfnis, mal etwas anderes als eine PowerPoint-Präsentation zu nutzen, ist bei vielen Vortragenden vorhanden.

R – Risiken vermeiden

Wir leben in einer Vollkasko-Gesellschaft. Wir möchten möglichst wenig dem Zufall überlassen und gegen möglichst Vieles abgesichert sein. Das führt dazu, dass wir die meisten Versicherungen gleich doppelt und dreifach haben. Im Schadensfall streiten sich Ihre Unfallversicherung, Ihre Krankenversicherung und Ihre Reiseversicherung darum, wer für Ihre 117 Euro Arztkosten im Ausland aufkommt. Wann immer Sie Menschen helfen können, Risiken zu vermeiden, finden Sie einen Ansatzpunkt für radikale Innovationen. Denken Sie nicht nur an die üblichen Risiken, die bereits von Versicherern angegangen werden, sondern auch an Aspekte wie: Ein Handwerker verpflichtet sich zur termingerechten Fertigstellung, aber seine Mitarbeiter werden krank. Über eine Internet-Plattform lassen sich zum Beispiel sofort und in Echtzeit freie Kapazitäten bei Kollegen abrufen. Freie Ersatzkräfte aus dem Ausland könnten binnen weniger Stunden anreisen. Achten Sie auf ein direktes, reales oder angenommenes Risiko im Alltag Ihres Befragten. Das Risiko muss glaubhaft und spürbar sein. Denn die Erfahrung zeigt, dass Menschen nur sehr eingeschränkt Geld für die Vermeidung von Risiken ausgeben wollen, die scheinbar in weiter Entfernung liegen.

Fazit Um verborgene Kundenbedürfnisse zu erforschen, gehen Sie wie verdeckte Ermittler vor. Klassische Instrumente der Marktforschung sind gut – aber nicht in dieser Phase. Beobachten Sie und stellen Sie Thesen auf. Haben Sie den Mut, das Beobachtete subjektiv zu bewerten. Suchen Sie gezielt nach Bereichen, wo Menschen Zeit verschwenden, unnötigen Aufwand betreiben, wo mehr Transparenz helfen könnte, dass Sie kein Geld verschwenden, zu besseren Ergebnissen gelangen oder Risiken vermindern könnten.

Innovation Seeds aus Trends ableiten

Wenn Sie heute bei Google das Wort »Trends« eingeben, kommen Sie auf ungefähr 890 Millionen Ergebnisse. Sie können die Google-Trend-Seite mit aktuellen Suchtrends abrufen, Technologietrends von Computermagazinen, Markttrends von Beratungsfirmen oder nach verschiedenen Kategorien sortierte Trends spezialisierter Webseiten wie *www.trendwatching.com* oder *www.trendhunter.com*.

Es gibt eigene Webseiten über Business-Trends, Internet-Trends, Mode-Trends etc. Alleine bei Business-Trends können Sie zwischen Emerging-Business-Trends, Business-Communication-Trends, Global-Business-Trends, Future-Business-Trends oder Small-Business-Trends wählen. Mega-Trends wie der demografische Wandel, die zunehmende Individualisierung, die zunehmende Urbanisierung oder die wachsende Instabilität sind heute keine Geheimnisse mehr. Die wichtigste Frage, die Sie sich im Zusammenhang mit

Trends stellen müssen, lautet heute nicht mehr: Wie kann ich neue Trends erkennen? Sondern: Wie kann ich seriöse Vorhersagen von weniger seriösen unterscheiden? Wie kann ich die Relevanz erkennen? Und welche Chancen kann ich aus Trends ableiten?

Beispiel Was verbindet die Glühbirne von Thomas Edison mit modernen Smartphones? Das Glas. Die Firma Corning, ein Unternehmen aus dem US-Bundesstaat New York, entwickelte 1879 das Glas für Edisons neue Glühbirne – inklusive eines Herstellungsprozesses, der die Massenfertigung erst ermöglichte. Ohne Corning hätte Edisons Glühbirne ihren Siegeszug um die Welt niemals angetreten. Mehr als 140 Jahre später ist das gleiche Unternehmen ein Teil des Siegeszugs moderner Smartphones: Das von Corning entwickelte Gorilla Glas findet sich auf mehr als 500 Millionen Endgeräten – Apple, HTC, LG, Motorola, Nokia und Samsung verwenden das speziell entwickelte, leichte, aber extrem bruchsichere Material. Dazwischen liegen mehr als 140 Jahre Geschichte radikaler Innovation: 1913 entwickelt das Unternehmen das erste hitzebeständige Glas, das es erlaubt, mit Glas zu backen und zu kochen. 1934 erfindet ein Ingenieur des Unternehmens Silikon und 1947 einen Prozess, um Fernsehröhren in Massenproduktion herzustellen. 1961 fliegt das Raumschiff Mercury mit Spezialfenstern von Corning. 1970 wird das Unternehmen zum Fiberoptik-Pionier und 1982 erfindet Corning flaches Glas für LCD.

Das Unternehmen ist ein Beispiel dafür, wie technologische, aber auch gesellschaftliche Trends ein scheinbar uninnovatives Produkt wie Glas zu einem Motor für radikale Innovation machen können.

Die Trendrecherche und -analyse

Im Bereich der Trends gibt es eine Reihe öffentlich zugänglicher Informationsquellen: Trendstudien, Bücher, Internetseiten und andere Publikationen. Diese allgemein zugänglichen Quellen sind ein guter Start. Um herauszubekommen, dass Europa vor einem demografischen Wandel steht, die Gesundheitskosten langfristig steigen und die Staatsverschuldung auf absehbare Zeit ein Problem bleibt, brauchen Sie keine Berater zu engagieren. Dass das Internet unser Leben verändert und Menschen über soziale Medien miteinander kommunizieren, ist fast schon Allgemeinwissen.

Schwieriger wird es, spezifische Trends zu recherchieren und konkrete Auswirkungen auf bestimmte Branchen oder Teile der Gesellschaft vorherzusagen. Wie wird Telemedizin das Gesundheitswesen in den nächsten fünf Jahren beeinflussen? Welchen Einfluss hat die zunehmende Mobilität auf die Baubranche? Und welche Chancen ergeben sich aus der demografischen Entwicklung für die Hersteller von Computerspielen?

Tipp Gerade bei Trendrecherchen ist es wichtig, Fragen so konkret wie möglich zu formulieren. Die Frage »Wie wird die Alterung der Gesellschaft die Reisebranche beeinflussen?« ist zu allgemein gestellt. Entwickeln Sie eine Vielzahl konkreter Fragen:

- Welche Hotelangebote werden Senioren, die sich jung fühlen, künftig nutzen wollen?
- Wie viele Menschen der künftigen »Silver Ager«-Generation werden ein so hohes Einkommen haben, dass sie sich eine längere Überwinterung im Süden leisten können?
- Welche Krankheiten werden in fünf bis zehn Jahren drastisch zunehmen und wie können Reiseangebote für die Betroffenen entwickelt werden?

Aus einer Trendanalyse alleine werden Sie nur wenige konkrete Chancen ableiten können. Führen Sie die Trendrecherche deshalb immer mit Blick auf verdeckte Kundenprobleme durch. Fragen Sie daher: »Wie kann ein aktueller Trend dazu genutzt werden, ein verdecktes Kundenproblem besser zu lösen, als es momentan der Fall ist?« Finden Sie darauf Antworten, eröffnen sich Chancen auf Innovationen.

Beispielhaft drei Methoden, die Sie dabei unterstützen, in der explorativen Phase aus Trends Chancen abzuleiten.

Methode 1: Die Beobachtung von Early Adaptors

In jeder Branche, in jedem Unternehmen, in jedem Teilbereich der Gesellschaft gibt es Menschen, die sich früher als andere Neues zunutze machen, indem sie beispielsweise neue Technologien einsetzen, um sich die Arbeit zu vereinfachen oder einfach um modern zu sein. Viele der Early Adaptors greifen dabei auf improvisierte Lösungen zurück, die sie sich selbst zurechtgelegt haben.

Beispiel Bei Recherchen für die Entwicklung radikaler Innovationen für einen internationalen Baustoffkonzern besuchten, beobachteten und interviewten wir Ende 2011 knapp fünfzig potenzielle Partner und Kunden des Konzerns in vier Ländern. Viele waren Architekten. Die Early Adaptors informierten sich fast ausschließlich über das Internet.

Der Weg, Chancen aus Trends abzuleiten, besteht aus der Kombination aus versteckten Problemen und Trends. Viele Architekten sagten, sie fänden kaum zuverlässige Unternehmen, die ihre Pläne später umsetzten. Die Early Adaptors überlegten bereits, inwieweit man Internet-Bewertungen in den Entscheidungsprozess einbeziehen könnte. Einzig: Zu diesem Zeitpunkt gab es keinen professionellen Anbieter, der qualifizierte Beurteilungen im B2B-Bereich der Baustoffbranche anbot. Genau darin liegt die Chance: mithilfe von Zukunfts-Trends versteckte Probleme besser lösen.

Bei der Beobachtung von Early Adaptors gehen Sie folgendermaßen vor:

- Sie beobachten, welche Technologien die Vorreiter nutzen beziehungsweise welche Verhaltensweisen sie an den Tag legen,
- Sie analysieren die Lösungen, die Early Adaptors entwickelt haben, um alltägliche Problem zu lösen,
- Sie hinterfragen die Motive, aus denen heraus Early Adaptors diese Lösungen entwickelt haben, und
- Sie überlegen, wie Sie die häufig improvisierten Lösungen professionalisieren können.

Methode 2: Zeitstrahl versetzen

Nicht jeder Trend wirkt sich in allen Branchen und gesellschaftlichen Bereichen zur gleichen Zeit aus. Jeder Trend durchläuft dort, wo er sich auswirkt, verschiedene Phasen. Zu Beginn kommt er auf: Gerade in konservativen Branchen und gesellschaftlichen Bereichen, die Neuem eher skeptisch gegenüberstehen, wird dem Trend kaum eine Chance gegeben. Sie hören Sätze wie: »Das trifft auf uns nicht zu« oder »Das wirkt sich woanders aus, bei uns nicht.«

In der zweiten Phase beginnt sich der Trend zu etablieren. Die ersten Unternehmen nutzen den Trend, Geschäftsmodelle und Produkte werden neu entwickelt. Die ersten Unternehmen, die in der Etablierungsphase aktiv sind, werden misstrauisch beäugt. Erst in der Phase des Mainstream zieht ein Großteil der Branche beziehungsweise des gesellschaftlichen Bereichs nach.

Suchen Sie nach Branchen, die Ihrer Entwicklung voraus sind und in denen Trends weiter fortgeschritten sind. Überlegen Sie, in welcher Phase sich spezifische Trends dort befinden und in welcher Phase sich Trends in Ihrer Branche befinden. Überlegen Sie, welche Ansätze und Lösungen sich übertragen lassen.

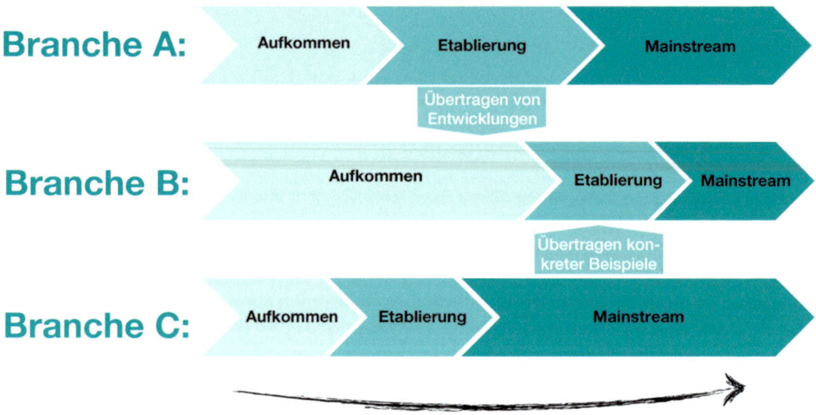

Methode 3: Seedscan – Der Blick in andere Innovation Greenhouses

Was haben die Kinect für die Spielkonsole Microsoft Xbox 360, das Handy-Betriebssystem Google Android und der Flash-Memory-Controller des iPad gemeinsam? Alle diese Technologien waren Innovation Seeds, die außerhalb der Unternehmen entstanden. Kleine wendige Start-up-Unternehmen züchteten dieses Seeds zu Pflanzen heran, bevor sie von großen Konzernen übernommen wurden. Gerade große Technologiekonzerne scannen beständig die Start-up-Szene von Staaten wie Israel – einem Land, das mittlerweile die drittgrößte Anzahl von Unternehmen an der US-Technologiebörse NASDAQ gelistet hat. Obwohl Israel zu den hundert kleinsten Ländern der Erde zählt und rein rechnerisch 459 Mal auf die Fläche von Europa passen würde, hat das Land rund 3.500 Start-up-Unternehmen, die ständig Innovationen entwickeln – von Internetdiensten bis zu Softwarelösungen.

Die Technologie der Kinect stammt von Primesense, die Technologie des Flash-Memory-Controllers des iPad von der Firma Anobit, die Ende 2011 von Apple übernommen wurde. Israel ist technologisch weiter vorne, aber nicht alleine: Im indischen Bangalore entwickeln mehr als 800 Start-ups technologische Innovationen, im Silicon Valley der USA sind es mehrere tausend und in Deutschland finden sich Cluster beispielsweise in der BioRegion Rhein-Neckar-Dreieck oder der Berliner Kreativbranche.

Ein systematischer Seedscan erlaubt es, Ideen und Innovationen aufzuspüren, bevor sie das Stadium der Marktreife erreicht haben.

Beispiel Im Jahr 2000 hat der Konsumgüterhersteller Procter & Gamble erkannt, dass die Strategie des Selbst-Erfindens für das Unternehmen eine Reihe von Nachteilen bringt. Innovation geschah zu langsam, die Erfolgsrate von Innovationen stagnierte. Procter & Gamble erkannte, dass Innovation zunehmend in kleinen und mittleren Unternehmen vorangetrieben wird, und entschloss sich zu einem radikalen Schritt. Statt zu versuchen alle Innovationen selbst zu entwickeln, gründete das Unternehmen den P&G Corporate Innovation Fund (CIF), der die Entwicklung radikaler Innovationen und neuer Geschäftsmodelle finanziert.

Ein Seedscan kann entweder breit oder fokussiert angelegt werden. Kein Vorgehen ist explizit richtig oder verkehrt, die Veränderung des Fokus bringt jedoch andere Ergebnisse. Eine breit angelegte Suche bringt Anregungen und neue Ideen ins Unternehmen, hat jedoch zugleich den Nachteil, dass Sie in der Suchphase von Informationen überflutet werden. Sinnvollerweise bilden Sie das Suchraster, indem Sie ausgehend von Ihren Lösungskompetenzen und identifizierten verdeckten Kundenbedürfnissen Suchrichtungen definieren und diese dann Schritt für Schritt enger fassen.

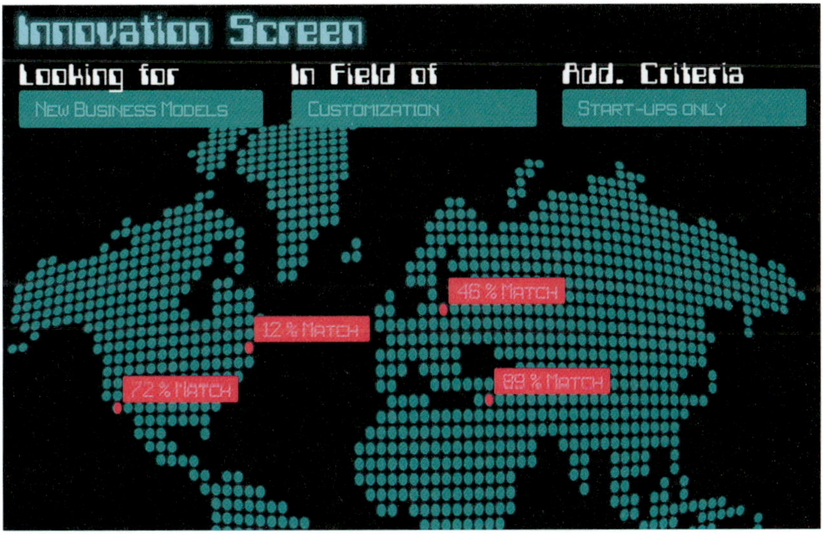

Fazit Trends zeigen Ihnen, in welche Richtungen sich die Gesellschaft, Ihre Branche oder Technologien entwickeln. Solide Trendanalysen sind mehr als ein Blick in die Glaskugel: Sie helfen Ihnen, die Trends zu identifizieren, die sich mit hoher Wahrscheinlichkeit durchsetzen werden. Wichtig ist, dass Sie nicht bei der Analyse stehen bleiben, sondern konkrete Chancen für Neues ableiten.

- Aus der Beobachtung von Early Adaptors können Sie Chancen ableiten, indem Sie analysieren, welche improvisierten Lösungen diese verwenden.
- Die Methodik des versetzten Zeitstrahls erlaubt es Ihnen, Lösungen aus anderen Bereichen in Ihre Branche zu übertragen.
- Ein Scouting nach Technologien und Innovationen, die sich im frühen Stadium befinden, hilft Ihnen, frühzeitig den Blick für Lösungen zu entwickeln, die erst morgen das Reifestadium erreichen werden.

Die Ergebnisse der Seedscans können unterschiedlich angewendet werden:

- Als isolierte Inspirationen bei der Definition von Suchfeldern,
- als Seedcluster, um Informationen über Trends zu untermauern oder zu widerlegen,
- als Chancen für Entwicklungspartnerschaften oder andere Formen von Kooperationen oder
- als Möglichkeit einer Technologie-Integration durch Lizenzmodelle oder Kauf.

Die Entscheidung darüber, in welcher Form die Ergebnisse eines Seedscans in ein Innovationsprojekt einfließen, fällt in der Regel nicht sofort: Häufig beginnen Gespräche, es werden erste gemeinsame Entwicklungsprojekte gestartet, Technologien werden in Prototypen integriert. Erst später werden weitreichendere Kooperationen eingegangen.

Die Züchtung – Ideen-, Konzept- und Prototypenentwicklung

5

Das Saatgut entwickeln: Erste Ideen entstehen

»Connecting the dots« nannte es der verstorbene Apple-Chef Steve Jobs in einer Rede, die er 2005 vor Studenten der Universität Stanford hielt: Was er damit meinte, war, verschiedene, scheinbar zusammenhangslose Punkte zusammenzuführen und daraus konkrete Ideen zu entwickeln. In der assoziativen Phase verdichten Sie jene Informationen, die Sie in der explorativen Phase gesammelt und analysiert haben, zu kreativen Hypothesen.

Beispiel Als DHL mit der Entwicklung der Packstationen begann, stand eine solche kreative Hypothese am Anfang. Das Unternehmen registrierte eine steigende Anzahl fehlgeschlagener Zustellversuche, die es

zunächst einmal analysieren musste. Vor allem berufstätige Kunden, die häufig vom Arbeitsplatz aus oder am Wochenende Produkte bei Internetversandhäusern bestellten, waren daheim immer schwerer anzutreffen. Die scheinbar leichte Internetbestellung endete für viele in der Schlange auf dem Postamt, das mitunter nur bis 18 Uhr geöffnet hatte. Daraus leitete das Unternehmen das Bedürfnis nach einer Alternative zum bisherigen Zustellprozess ab. Es verknüpfte diese Beobachtung mit einem Trend, der eine weitere Zunahme von Internetbestellungen prognostizierte. Daraus schlussfolgerte das Unternehmen, dass die Zahl fehlgeschlagener Zustellversuche in Zukunft eher noch steigen als sinken werde. Verbunden mit der eigenen Lösungskompetenz, Pakete nachvollziehbar zu jedem beliebigen Ort transportieren zu können, wurde daraus die These, dass sich der Zustellprozess radikal erneuern lässt. Die Frage aber lautete: Wie?

Sie tun gut daran, sich nicht zu früh auf nur einen Weg festzulegen. Sie können den Zustellprozess optimieren, indem Sie Zustellzeiten ändern, einen Extra-Service »Zustellung zur Wunschzeit« einrichten, die Abholung von Paketen im Postamt beschleunigen oder aber den Zustellprozess radikal neu erfinden. Alle diese Ideen sind zunächst einmal gleichberechtigt: Welche sich durchsetzen wird, können Sie am Anfang schwer vorhersagen.

Wie kombinieren Sie die verschiedenen »Dots«? Notieren Sie sowohl die Chancen, die Sie aus der Beobachtung und den Interviews mit Kunden abgeleitet haben, als auch jene Chancen, die Sie durch die Analyse von Trends gewonnen haben. Suchen Sie jetzt nach Überschneidungen. Überlegen Sie, welche Chancen sich aus dieser Kombination ergeben.

Die nachfolgende Matrix soll – stark vereinfacht – das grundsätzliche Vorgehen erklären. In der Praxis kombinieren Sie mit der Trend-Bedürfnis-Assoziationsmatrix zwischen zehn und zwanzig Bedürfnisse sowie zehn bis zwanzig Trends. Das Vorgehen ist sehr kreativ und erfordert verschiedene Sichtweisen. Fragen Sie sich: Sehen wir eine Chance darin, ein identifiziertes Bedürfnis mithilfe von identifizierten Trends besser zu befriedigen?

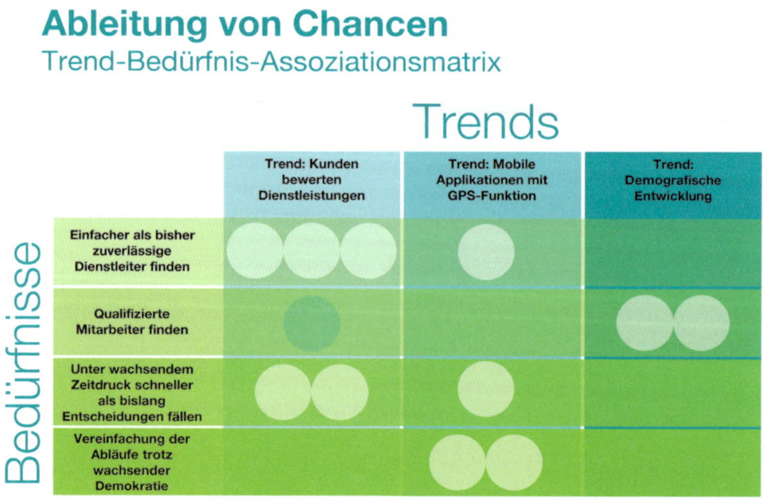

Ihre Kunden berichteten Ihnen in Interviews immer wieder von der Schwierigkeit, zuverlässige Dienstleister innerhalb einer bestimmten Branche zu finden. Gleichzeitig stellten Sie bei der Analyse des Trends zu sozialen Medien fest, dass Kunden in anderen Branchen ihre Dienstleister bewerten und Dienstleister sogar unter Verwendung dieser sozialen Kriterien bei der Suche priorisiert werden. Daraus leiten Sie eine große Chance für Ihre eigene Branche ab. Eine nicht ganz so große Chance sehen Sie in der Integration von GPS in mobile Applikationen. Sie denken zwar, dass es eine Chance geben könnte, aber Sie können sie noch nicht klar definieren.

Sie haben immer wieder gehört, dass Interviewpartner mit den Qualifikationen ihrer neuen Mitarbeiter nicht zufrieden sind. Sie haben sich zwar damit abgefunden, aber den Zustand innerlich noch nicht akzeptiert. Irgendwie könnten Sie sich vorstellen, mithilfe des Trends zur Bewertung von Dienstleistungen hier eine Chance abzuleiten: Sie wissen nur nicht welche und sehen zudem Probleme in der Machbarkeit, der Anwendung und in rechtlichen Fragen. Sie geben einen gelben Punkt (Fragezeichen). Beim Trend zur demografischen Entwicklung sehen Sie Potenzial: Vielleicht besteht eine Chance darin, statt jüngerer Mitarbeiter ältere einzustellen, die durch spezielle Arbeitsmodelle an das Unternehmen gebunden werden – beispielsweise Job Sharing als gleitender Übergang in den Ruhestand.

Ihre Befragten klagen darüber, dass die Bürokratie durch das Ausfüllen von Protokollen im Außendienst immer mehr Zeit in Anspruch nimmt. Sie überlegen, ob mobile Applikationen mit GPS-Funktionen, den Arbeitsberichten automatisch Fahrstrecken, Uhrzeiten und Kundendaten hinzufügen, die Arbeit ihrer Befragten radikal vereinfachen könnten.

Dass Sie gleich zu Beginn die richtige Hypothese für eine neue Chance finden, ist eher unwahrscheinlich. Im Gegenteil: Die verschiedenen Hypothesen sind lediglich der Ausgangspunkt für die weitere Arbeit. Im Laufe des Projekts wird beinahe täglich überlegt, ob sich die Hypothesen noch halten lassen, wie man sie durch weitere Informationen fundiert ausbauen und weiterentwickeln könnte – oder aber, ob man sie verwerfen sollte. Möglicherweise wird aus zwei Hypothesen eine dritte. Dazu ist es zunächst einmal wichtig, das Suchfeld weiter zu schärfen und zu definieren, wo Sie hinwollen. Und mindestens genauso wichtig: Wohin Sie nicht wollen.

Denken in Analogien: Konkrete Ideen entwickeln

Sie haben Ihre Chancen definiert. Jetzt geht es darum, konkrete Ideen zu entwickeln, um diese Chancen umzusetzen. Um von der eher abstrakten Beschreibung eines Chancenfelds konkreter zu werden, schränken Sie die Rahmenbedingungen der Ideensuche weiter ein. Stellen Sie sich dazu vor, Sie wären noch mal zwanzig und sagen: »Ich will die ganze Welt sehen!« Was genau heißt »die ganze Welt«?

»Den Nordpol?« »Nein, zu kalt.«
»Den Mount Everest?« »Nein, da ist die Luft zu dünn.«
»Die Wüste?« »Ja, aber bitte nur in Strandnähe.«
»São Paulo? Mexico City?« »Nein, zu groß, zu laut, zu stickig.«

Das grenzt die Sache ein: Halbwegs mildes Klima, Nähe zum Wasser und keine Beton-Molochs. Damit fallen 80 bis 90 Prozent der gesamten Welt für Sie schon mal weg. Sie können sich bei der Ideenentwicklung für Ihre Weltreise auf die 10 bis 20 Prozent konzentrieren, die übrig bleiben.

Ähnlich gehen Sie bei der Entwicklung radikaler Innovationsideen vor. Nachdem Sie die Informationen aus der investigativen Phase zu konkreten Chancenfeldern verdichtet haben, entwickeln Sie darauf basierend zwanzig bis dreißig fiktive Ideen, die Ihnen Klarheit geben, in welche Richtungen Sie weiterdenken wollen.

Tipp Ideengenerierung wird häufig falsch verstanden: Wir haben die Vorstellung, dass sich eine Idee durch Brainstorming oder andere Kreativitätstechniken praktisch auf Knopfdruck erzeugen lässt. Das ist auch der Fall, solange die Aufgabenstellung einfach ist. Radikale Innovation bedeutet jedoch häufig, sehr komplexe Aufgabenstellungen zu bewältigen. Dabei formen sich Ideen eher langsam: Sie werden von einer noch recht abstrakten Chancenfeldbeschreibung aus immer konkreter. Später ist es häufig schwer nachvollziehbar, wann genau die Idee entstanden ist – der Prozess ist fließend.

Durch diesen ersten Vorstoß definieren Sie den Handlungsspielraum, den Sie und das Top-Management Ihres Unternehmens bereit sind zu gehen.

Die Methodik

Es fällt uns häufig leichter, Bestehendes zu nehmen und zu übertragen, als komplett neu zu denken. Eine Denktechnik von Thomas Edison bestand darin, Neues immer auf der Basis von Bekanntem zu entwickeln: Er ging von einer bestehenden Technologie oder einem bekannten Gebiet aus aus und übertrug dies in ein neues Feld.

Wenn Sie Chancenfelder für neue Produkte, Dienstleistungen oder Geschäftsmodelle definiert haben, suchen Sie sich als nächstes Unternehmen, die in anderen Branchen, aber innerhalb eines vergleichbaren Bereichs bestehende Märkte radikal auf den Kopf gestellt haben. Übertragen Sie die Logik dieser Innovationen auf Ihr eigenes Unternehmen. Entwickeln Sie konkrete Visionen, wie Ihre radikale Innovation aussähe, wenn Sie beispielsweise ein anderes Geschäftsmodell übertragen würden.

Beispiel Sie sind ein mittelständischer Maschinenbauer auf der Suche nach neuen Geschäftsmodellen. Ihr eigentliches Kerngeschäft: Maschinen entwickeln, die verschiedenen Module an Kundenbedürfnisse anpassen, Lieferung und Montage dieser Maschinen weltweit. Ihre Kunden stellen mit Ihren Maschinen Produkte (wie beispielsweise Babywindeln) her, die sie dann an große Konzerne liefern.

Aus den Ergebnissen der explorativen Phase haben Sie dabei folgendes Problem abgeleitet: Ihre Kunden erhalten von einem Großkonzern den Auftrag, bestimmte Materialien als Exklusivproduzent für einen bestimmten Zeitraum zu liefern, besitzen aber zu diesem Zeitpunkt noch nicht die volle Produktionskapazität.

Die Chance, die Sie daraus abgeleitet haben, lautet: Innovative Bündelangebote schaffen, die es Kunden erlauben, Produktionskapazitäten sofort verfügbar zu haben – auch wenn die Maschine noch gebaut wird. Als Inspirationen nehmen Sie verschiedene andere Unternehmen:

Inspiration 1: eBay

eBay hat den Markt für privaten An- und Verkauf radikal revolutioniert. Mit einer Versteigerung als einer Art Börse für zumeist private Gegenstände. Sie übertragen dieses Beispiel. Es entsteht der Gedanke einer Versteigerungsplattform oder Börse für Produktionskapazitäten, zu denen Kunden exklusiven Zugang erhalten.

Inspiration 2: Google Android, das offene Betriebssystem für Smartphones

Google hat sein Betriebssystem für die kreativsten Programmierer weltweit geöffnet. Auf Basis von Google Android können diese Apps erstellen und einfacher als beim Smartphone-Pionier Apple auf die Handys von Endkunden bringen. Sie übertragen das Beispiel und überlegen, gemeinsam mit anderen Maschinenherstellern konzeptionelle Standardgrundlagen für Maschinen zu entwickeln. Das würde Kunden erlauben, die Produktion schneller als bislang umzustellen, weil nicht mehr die gesamte Maschine ausgetauscht werden müsste, sondern nur einzelne Komponenten.

Inspiration 3: Porsche Consulting

Porsche hat aus dem Kernwissen des Unternehmens eine Beratungsgesellschaft gegründet, die andere Firmen in schlanken Produktionsprozessen berät. Sie formulieren den Grundgedanken: »Wir könnten unser Know-how wie Porsche Consulting als Beratungsdienstleistung bündeln und verkaufen.« Wir beraten Kunden darin, flexibler zu produzieren, um Anlagen besser auszulasten oder Spitzen abzudecken.

Ähnlich wie beim Beispiel der Weltreise gelangen Sie durch die Übertragung konkreter Beispiele aus anderen Bereichen schnell zu konkreten Ideen. Und Sie finden heraus, wo Grenzen liegen. Haben Sie den Mut, in der assoziativen Phase Grenzen zu überschreiten! Nur durch Grenzüberschreitungen lernen Sie die Grenzen des Machbaren kennen.

Beginnen Sie nun, die positiven und negativen Aussagen zu den einzelnen Ideen umzuformulieren und daraus positive Rahmenbedingungen zu entwickeln.

Aussage	Positiv formulierte Rahmenbedingung
»Wir wollen keine virtuellen Internet-Geschäftsmodelle, weil unsere Wissenslücke viel zu groß ist.«	»Wir suchen nach radikalen Innovationen, die in einem physisch fassbaren, also nicht virtuellen Raum liegen.«
»Der Gedanke, eine gemeinsame Plattform zu schaffen, die Herstellern schnellere Umrüstung erlaubt, ist gut.«	»Radikale Produkt- und Marktinnovation: Gemeinsame Schaffung eines Standards zur schnellen Umrüstung mit Unternehmen aus anderen Bereichen.«
»Ein Beratungsansatz ist innerhalb unseres Unternehmens schwer umsetzbar, das schaffen wir nicht alleine.«	»Die Innovation in Form einer Beratungsdienstleistungen kommt nur durch die Kooperation mit Beratungsfirmen infrage.«

Sie merken, wie sich das Chancenfeld immer weiter eingrenzt und dabei immer konkretere Formen annimmt. Die Idee kristallisiert sich langsam heraus, bis sie schließlich konkret, vorstellbar und schnell zu erklären ist.

Dieses strukturierte Vorgehen erhöht die Qualität Ihrer Ideen merklich. Eine einzige systematisch und strukturiert durchdachte Idee ist mehr wert als 1.000 Zufallsideen. Innerhalb der verschiedenen Entwicklungsphasen werden Sie immer einmal zur assoziativen Phase zurückkehren, um Ideen zu verändern, neu auf den Prüfstand zu stellen oder um neu gewonnene Erkenntnisse neu zu kombinieren. »Connecting the dots« hört niemals auf – solange immer wieder neue Punkte hinzukommen. Kreative Ideenentwicklung ist – wie Leifer beschreibt – ein Bestandteil des gesamten Prozesses.

Teamzusammensetzung in der assoziativen Phase

In der assoziativen Phase steigt der Bedarf an Teammitgliedern, die klassischerweise als »Spinner« oder Querdenker bezeichnet werden. Ihr Ziel ist es, in Bezug auf die Fragestellung so viele ungewöhnliche neue Gedankenansätze wie möglich zu generieren, neue Ansätze zu finden, die über das Bestehende hinausgehen, und Lösungen aus anderen Bereichen zu übertragen, auf die andere möglicherweise so nicht kommen. Auch kreative Unternehmer können in dieser Phase einen wertvollen Beitrag leisten, indem sie innovative neue Geschäftsmodelle ersinnen. Nicht alle diese Kreativen brauchen Sie in hoher Intensität in allen Phasen. Jemand, der ungewöhnliche Ideen für ein revolutionäres Produktdesign, eine ungewöhnliche technische Lösung oder ein neues kreatives Geschäftsmodell hat, muss nicht zwingend die Person sein, die dies später auch vorantreibt.

Tipp Reichern Sie Ihr Team in dieser Phase mit Zeichnern und Grafikern an. Auch Texter einer Werbeagentur können Ihnen helfen, Ideen schnell auf den Punkt zu bringen. Je schneller Sie Ihre Ideen visualisieren und für erste Präsentationen grafisch und visuell umsetzen, desto besser.

In der assoziativen Phase benötigen Sie neben dem Kernteam vor allem Mitglieder, die

- in der Lage sind, schnell immer wieder neue Ideen für die in der ersten Phase entwickelten Fragestellungen und Chancen zu generieren,
- sehr stark bildhaft denken und Analogien in komplett anderen Bereichen finden,
- über ein hohes Maß an Fantasie verfügen und sich Ideen bildhaft vorstellen können.

Fazit Übertragen Sie musterhaft radikale Innovationen aus anderen Bereichen auf Ihr Unternehmen. Skizzieren Sie die Innovation oberflächlich und stellen Sie kurz dar, welcher Anstrengungen es bedarf, um eine solche Denkrichtung zu verfolgen. Haben Sie keine Angst davor, Grenzen zu überschreiten! Denn in Entwicklungsprojekten für radikale Innovation gibt es kaum eine andere Möglichkeit, Grenzen kennenzulernen, als sie zu überschreiten. Wandeln Sie dann positive und negative Aussagen in konkrete Rahmenbedingungen um.

Von der Saat zur Blüte: Wie Ideen zu Innovationen werden

Jetzt wird es ernst. Potenzielle neue Märkte sind identifiziert, bislang unerkannte Kundenbedürfnisse ans Licht gebracht, mögliche Chancenfelder, konkrete Ideen und Konzepte entwickelt. Bis zu diesem Punkt kommen viele Unternehmen. Genau jetzt aber stockt es. Entscheidungsvorlagen werden angefertigt und dem Top-Management vorgelegt, Businesspläne erstellt, Chancen und Risiken abgewogen und Planungen gemacht. Genau an dieser Stelle erkennt das Top-Management: Radikale Innovation ist mit einem hohen Grad an Unsicherheit verbunden ist, lässt sich mit dem klassischen Tagesgeschäft kaum vereinbaren und erfordert eine Geschwindigkeit, der die Organisation kaum gewachsen scheint. Die Folge: Ambitionierte Projekte verlieren an Schwung. Inkrementelle Innovationen, die scheinbar schnellere Erfolge versprechen, werden bevorzugt – das Risiko wird gescheut.

> *»Man cannot discover new oceans unless he has the courage to lose sight of the shore.«*
>
> **[André Gide, 1869 – 1951, Literaturnobelpreisträger]**

Zwischen der Ideengenerierung und der -umsetzung scheitern 90 Prozent aller radikalen Innovationsprojekte. Spätestens jetzt zeigt das klassische, prozessorientierte Innovationsmanagement seine Schwächen. Diese offensive Phase der Innovation braucht mutige Macher; Menschen, die bereit sind, persönliches Risiko einzugehen und Projekte nach vorne zu treiben; Unternehmer im Unternehmen, die zielorientiert und unter Hochdruck mit der Umsetzung beginnen. Als Erfolg versprechender Ansatz hat sich die Einrichtung sogenannter Innovation Greenhouses bewährt: Eine Art geschützter Raum gegen die Stürme des Alltagsgeschäfts, in denen Teams Konzepte mit großer Leidenschaft, einem hohen Maß an Kreativität und Zielorientierung sowie extremer Frustrationstoleranz nach vorne treiben. Teammitglieder mit diesen Eigenschaften sind in der Regel intrinsisch getrieben: Auf einer Motivationsskala von eins bis zehn sollten sie mindestens einen Motivationsfaktor von sieben bis acht mitbringen. Eins steht dabei für »beim geringsten Widerstand gebe ich auf« und zehn für »wenn ich es innerhalb meines Unternehmens nicht schaffe, diese Innovation nach vorne zu bringen, kündige ich sofort und gründe eine eigene Firma«. Das Kernteam, das das Projekt innerhalb eines Innovation Greenhouse nach vorne treibt, besteht aus Mitgliedern, die aus vollem Herzen »Ja« sagen. Nicht: »mal sehen«, »vielleicht« oder »sobald dafür Zeit ist«.

Beispiel Divide and grow – dieses Prinzip von William Knight, dem ehemaligen CEO von 3M, gehört zu den Strukturen, mit denen das Unternehmen Innovation vorantreibt. Viele nennen Knight auch den »Inspirator«. Ist eine Idee Erfolg versprechend, wird sie vom Unternehmen abgetrennt und in eine eigene Einheit überführt. Dieses neu kreierte Profit Center hat die Autonomie und die Ressourcen, die es für unabhängiges

Agieren braucht. »Wir haben herausgefunden, dass eine Abteilung, die eine bestimmte Größe erreicht, die Tendenz hat, zu viel Zeit für etablierte Produkte und Märkte zu verwenden und weniger Zeit für neue Produkte und Geschäftsmodelle«, erklärt Ray Herzog, ebenfalls ein früherer CEO von 3M, das Konzept in einer Harvard-Fallstudie. »Wenn wir ein neues Geschäft aufbauen und ein neues Managementteam einsetzen, stellen wir fast ohne Ausnahme fest, dass die neue Einheit schneller wächst.« Dieses Prinzip eines kleinen innerhalb eines großen Unternehmens stellt sicher, dass neue Produktideen nicht irgendwo im Unternehmen stecken bleiben.

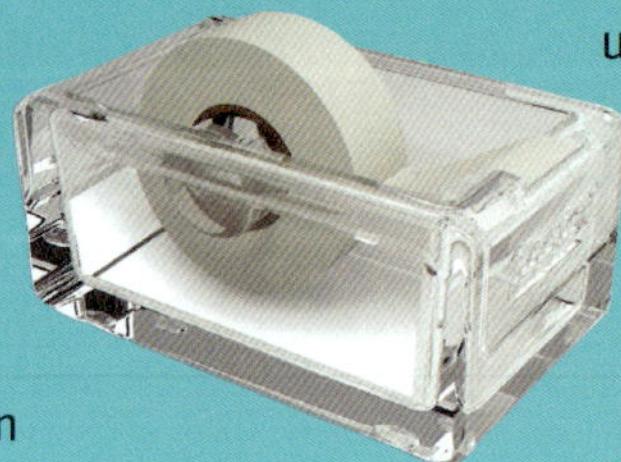

Innovation Greenhouses: Wo Ideen abseits des Alltags reifen können

Der größte Feind von radikaler Innovation sind der Alltag und das Bewährte. Wie bereits beschrieben lassen sich die Anforderungen des operativen Geschäfts und die von Innovationsprojekten häufig nur schwer miteinander vereinen. Das operative Geschäft sucht nach mehr vom Gleichen: Verlässlich, planbar und routiniert. Radikale Innovation ist – zumindest in der Anfangsphase – weniger verlässlich, nur schwer planbar und hat wenig mit der Tagesroutine zu tun.

Die Folge: Der zarte Keim einer Innovation wird vom ersten Sturm des Alltags weggefegt oder vom Bewährten niedergetrampelt. Das operative Geschäft hat immer Vorrang. Innovation Greenhouses sorgen dafür, dass aus den Sprösslingen starke Pflanzen werden, die Ihr Innovation Ecosystem bereichern. Sie sind Inkubatoren für das Wachstum von morgen.

Auf den kommenden Seiten lernen Sie die Voraussetzungen dafür kennen, dass Innovation Greenhouses erfolgreich sind. Sie brauchen nicht nur einen geschützten Ort, sondern auch Menschen, die Dinge ausprobieren und vom Willen besessen sind, Ideen zur Perfektion reifen zu lassen: Interne Start-ups, die sich ihre Ziele mit Leidenschaft setzen und konsequent auf diese Ziele hinarbeiten.

Die Voraussetzung: Passion Driven Innovation Goals

Schauen Sie sich die erfolgreichsten Unternehmensgründungen der vergangenen Jahre an. Gründungen, von denen Sie gelesen haben, die in ihrem näheren Umfeld passiert sind oder die Sie in Ihrem beruflichen Umfeld mitbekommen haben. Wenn Sie deren Erfolgsfaktoren analysieren, werden Sie fast immer auf einen Faktor stoßen, der in vielen Unternehmensstrategien praktisch keine Rolle spielt: Leidenschaft. Erfolgreiche, innovative Startup-Gründungen werden durch leidenschaftliche Gründerteams vorangetrieben, die voller Energie und Tatendrang ihre Ziele verfolgen. Diese Gründerteams erleben in den Phasen mitunter fast so etwas wie einen kreativen Hormonschub. Er sorgt dafür, dass die Grenzen zwischen Arbeit und Privatem verschwimmen, dass es so etwas wie einen geregelten Feierabend praktisch nicht gibt und dass sie selbst nach einem 18-Stunden-Tag ohne Pause häufig noch fit genug sind, um gemeinsam ein Bier zu trinken. Wenn Sie erfolgreiche Gründerteams untersuchen, merken Sie, dass diese »getrieben« sind – getrieben von dem Willen, Neues zu schaffen, getrieben vom Spaß bei der Arbeit, getrieben vom Erfolgshunger.

Den meisten dieser Gründerteams geht es am Anfang nicht um Geld. Geld schadet nichts, es ist häufig sogar ein Antrieb. Aber es besteht kein unmittelbares Verlangen, unbedingt innerhalb von 24 Monaten zum Klub der Millionäre zu gehören. Viele Gründerteams verfolgen ein übergeordnetes Interesse: Sie haben sich der Aufgabe verschrieben, das Internet noch besser zu machen, das Leben von Menschen zu vereinfachen oder – auch wenn das kitschig klingt – die Welt zu verbessern. Ihre persönlichen Lebens- und ihre Unternehmensziele sind so sehr miteinander verschmolzen, dass sie praktisch kaum voneinander zu unterscheiden sind. Natürlich wissen sie, dass sie nur dann erfolgreich sein werden, wenn sie unternehmerisch sinnvoll denken und handeln – doch das ist mehr eine Selbstverständlichkeit als unmittelbarer Erfolgsfaktor. Der Erfolg basiert auf der Leidenschaft, mit der sie Projekte vorantreiben. Genau solche Teams benötigen Sie, um aus einer Idee ein tragfähiges Konzept zu entwickeln, es am Markt zu testen und nicht gleich aufzugeben, wenn es beim ersten Mal nicht klappt.

»Disneyland is a work of love. We didn't go into Disneyland just with the idea of making money.«

[Walt Disney, 1901 – 1966, Filmproduzent]

Tipp Wie identifizieren Sie »Passion Driven Innovation Goals«? Fragen Sie sich: Welche Ziele interessieren mich so sehr, dass die Arbeit an diesen Themen nicht nur ein weiteres Projekt auf der Agenda ist, sondern fast schon eine Belohnung? Fragen Sie Ihre Kollegen oder Ihr Team: Für welche der Ideen, die in der assoziativen Phase identifiziert wurden, brennen wir? Was ist es, was wir vorantreiben möchten? Wo möchten wir wirklich einen Unterschied machen, anstatt nur das Tagesgeschäft abzuarbeiten? Der Friedhof von Projekten, die zwar strategisch sinnvoll waren, aber aus Mangel an Leidenschaft beerdigt wurden, ist zu groß, um ignoriert zu werden.

Die Teamrollen im Innovation Greenhouse

Während Sie in der Phase der Ideen- und Konzeptentwicklung möglichst viele Einflüsse von außen in Form von Querdenkern, Experten oder kreativen Kunden benötigen, brauchen Innovation Greenhouses mehr: Eine Mischung aus Visionären und Machern, Vernetzern und Experten, Kritikern, Verkäufern und Sponsoren. Sie brauchen sieben verschiedene Rollen: Mitunter deckt eine Person mehrere Rollen ab, jemand kann etwa gleichermaßen Macher und Kritiker sein. Manchmal sind es mehrere Personen, die eine Rolle abdecken – beispielsweise zwei Teammitglieder, die die Rolle des Visionärs einnehmen. Wichtig ist, dass jede Rolle durch eine andere ausgeglichen wird. Einem Team, das nur aus Machern besteht, fehlt häufig der kreative Geist, aus dem immer wieder Ideen entstehen, um Hindernisse zu überwinden oder neue Chancen zu nutzen. Ein Team, in dem Experten überwiegen, wird sich möglicherweise in Details verrennen. Und ein Team, das nur aus Visionären besteht, wird sich hochkreativ im Kreis drehen.

Rolle 1 – der kreative Visionär

Dieses Mitglied sieht überall Chancen, ist weitgehend resistent gegen potenzielle Hindernisse und versucht, für alles eine Lösung zu finden. Seine Grundeinstellung ist: »Die Menschheit ist zum Mond geflogen, dann werden wir das hier auch schaffen.« Wann immer jemand im Team sagt: »Das ist so nicht zu schaffen«, antwortet der Visionär: »Dann muss es eben anders gehen: Lass uns nach alternativen Wegen suchen.« Im Kopf des Visionärs dreht es sich ständig darum, wie das Team Ziele besser erreichen und Hindernisse schneller überwinden kann. Für den Visionär gibt es keine Hindernisse: Zur Not wird die Idee angepasst und das Projekt in eine andere Richtung gedreht.

Der Visionär ist hauptsächlich dafür verantwortlich, dass sich das Projekt ständig verändert. Denn er ist offen gegenüber Chancen von außen: Lässt sich eine bestimmte Technologie nicht auf das Ursprungsprojekt anwenden, dafür aber auf ein potenzielles anderes, ist er sofort bereit, einen komplett anderen Weg zu gehen. Diese kreative Gabe führt häufig zu einem Mangel an Entschlossenheit für den richtigen Weg. Auch ist der Visionär häufig sprunghaft und hat zu viele Ideen auf einmal. Diese Schwächen werden durch andere Teammitglieder kompensiert.

Rolle 2 – Der Macher

Wenn es darum geht, Ideen umzusetzen, neue Denkwege oder Lösungsansätze auszuprobieren oder blitzschnell neu entstehende Maßnahmen umzusetzen, ist der Macher gefragt. Diese Person organisiert fehlende Ressourcen, treibt andere Teammitglieder an und sorgt dafür, dass jede neue Idee entweder verworfen oder so schnell wie möglich umgesetzt und ausprobiert wird. Der Macher verfügt über ein hohes Maß an Improvisationsvermögen: In der Regel sucht er nicht den kompliziertesten und langsamsten, sondern den einfachsten und schnellsten Weg. Wenn plötzlich Produktdesigner oder Internetprogrammierer gebraucht werden, sucht er die fehlenden Mitarbeiter über Ausschreibungen in sozialen Netzwerken, über Beziehungen oder firmeninterne Netzwerke. Er handelt Honorare aus und sorgt dafür, dass diese Personen möglichst schnell einsatzbereit sind. Die Stärke des Machers liegt in der Umsetzung – und häufig weniger darin, neue Ideen und weitreichende Visionen zu entwickeln. Für den Macher zählt nur eines: schnelle Ergebnisse.

Rolle 3 – Der Vernetzer

Dieses Teammitglied ist in der Lage, sehr schnell Türen zu öffnen. Häufig ist diese Person im Unternehmen sehr gut verdrahtet, unterhält Beziehungen zu verschiedenen Abteilungen und kann Ressourcen auf dem kurzen Dienstweg anzapfen – das heißt, ohne formelle Abstimmung. Der Vernetzer weiß immer, wen man ansprechen kann. Häufig pflegt er auch weitreichende Netzwerke außerhalb des Unternehmens und ist beispielsweise mit Lieferanten, Kunden etc. sehr gut vernetzt. Dieses Teammitglied hat Spaß an der Kommunikation und ist Experte auf dem Gebiet sozialer Beziehungen.

Beispiel In einem der Projektteams, die wir begleitet haben, war diese Position durch eine Mitarbeiterin aus der Personalabteilung besetzt, die 90 Prozent aller Führungskräfte kannte und zudem die Azubis des Unternehmens betreute. Wurden von heute auf morgen fünf Interviewer für Kundenrecherchen und ein Grafikdesigner für schnelle Umsetzungen und Prototypenerstellung gebraucht oder sollten Vertriebsstellen des Unternehmens zu Testmärkten umfunktioniert werden: Sie sorgte dafür, dass auf eine fast wundersame Art alles innerhalb weniger Stunden zur Verfügung stand. Wenn es darum ging, zwanzig Kunden für Home Visits oder Prototypentests zu akquirieren, standen die Termine binnen eines Tages. Und auch wenn das Wissen externer Experten angezapft werden sollte, wusste sie stets, wer mögliche Kontakte hatte und Türen öffnen konnte.

Rolle 4 – Die Experten

Jedes Team, das radikale Innovation vorantreibt, hat in der Regel ein bis zwei Experten, die sich vor allem dadurch auszeichnen, dass sie in mehreren Bereichen vieles, aber in keinem Bereich wirklich alles wissen. Häufig haben diese Teammitglieder an der

Schnittstelle, beispielsweise zwischen Marketing und Vertrieb oder zwischen IT und Produktentwicklung, gearbeitet. Durch ihren tiefen Einblick in verschiedene Fachbereiche sind sie in der Lage, Informationen schnell zu vernetzen und Dinge aus unterschiedlichen Perspektiven zu betrachten. Sie wissen, wo ihre Expertise beginnt und wo sie aufhört, und können ihre eigene Kompetenz jederzeit durch Fachleute aus verschiedenen Bereichen ergänzen. Rund um diese Experten mit übergeordnetem Blick gruppieren sich in zahlreichen Teams Fachexperten aus verschiedenen Bereichen, die teilweise auch nur temporär hinzugezogen werden.

Rolle 5 – Der Kritiker

Jedes Team braucht Menschen, die Hypothesen und Annahmen geschickt infrage stellen und dafür sorgen, dass die entwickelten Ideen die Bodenhaftung nicht verlieren – das heißt ein Eigenleben annehmen, das sich Schritt für Schritt weiter von der Realität entfernt. Der Kritiker schafft es, durch gezielte Fragen immer wieder Schwachpunkte in Annahmen und Hypothesen zu entdecken, Mängel beim Vorgehen aufzuspüren und scheinbare Wahrheiten, die sich im Team gebildet haben, zu hinterfragen. Der Kritiker ist kein Verhinderer: Konstruktive Kritik auszusprechen, die ein Innovationsteam nach vorne bringt, ist eine hohe kreativ-analytische Aufgabe, die von der Bedeutung her mindestens so wichtig ist wie die Rolle des Visionärs. Häufig ist der Visionär sogar erst in der Lage, neue Ideen und Ansätze zu entwickeln, wenn er mit glaubhafter und fundierter Kritik konfrontiert wird.

Rolle 6 – Der Verkäufer

Egal, ob bei Kollegen, Netzwerkpartnern, Kunden oder Sponsoren: Bei radikaler Innovation ist täglich Überzeugungsarbeit vonnöten. Gerade Entwicklungsteams, die tief in der Materie drinstecken, brauchen jemanden, der technische Details in Kundennutzen übersetzt und mit leuchtenden Augen für das Projekt wirbt. Der Erfolg wird nicht nur durch objektive Analysen und Daten bestimmt. Sie sind wichtig – mindestens aber genauso wichtig ist die Fähigkeit, das Projekt als großartig, neu und einzigartig zu verkaufen. Jeder Netzwerkpartner, der eingebunden wird, jeder, der im schnellen Prototyping als Mitwirkender gewonnen wird, muss das Gefühl bekommen, an einer großen Sache mitzuwirken. Radikale Innovation voranzutreiben heißt, so lange Träume zu verkaufen, bis sie sich als real erwiesen haben.

»Belief creates the actual fact«

[William James, 1842 – 1910, Psychologie-Pionier]

Rolle 7 – Der Sponsor

Der Sponsor ist in der Regel kein festes Teammitglied, das jeden Tag vor Ort ist. Doch für das Funktionieren des Teams ist er von essenzieller Bedeutung. Größere Entscheidungen werden schnell und auf direktem Wege getroffen, das pure Vorhandensein eines Sponsors im Top-Management öffnet Türen. Innovationsteams, die beispielsweise einen Finanzvorstand als Sponsor gewinnen können, erleben häufig, dass auf wundersame Art plötzlich Budgets frei werden, von denen vorher nichts bekannt war.

Die Führung von radikalen Innovationsteams

Im Gegensatz zu inkrementeller Innovation entsteht ein Großteil radikaler Innovationsprojekte beim Machen. Gemeinsam mit Ihrem Innovationsteam suchen Sie ständig nach Möglichkeiten und Chancen, um der Idee zum Erfolg zu verhelfen: Wenn es Hindernisse gibt, versuchen Sie, sie zu beseitigen, wenn die Innovation keinen Erfolg hat, versuchen Sie, sie zu verändern. Statt ausschließlich geplante und erreichte Ergebnisse zu kontrollieren, intensivieren Sie die Suche nach neuen Entdeckungen, die Ihr gesamtes Projekt auf einen neuen Weg bringen.

Was bedeutet das für die die Projektleitung?

- Die klassischen Tools des Projektmanagements sind nur sehr eingeschränkt nutzbar. Gerade in sich schnell entwickelnden, radikalen Innovationsprojekten ist es praktisch unmöglich vorherzusagen, was die nächste Woche bringt. Wieder einmal lässt sich die Arbeit des Teams gut mit der Arbeit bei einer Spezialeinheit der Polizei vergleichen. Ständig gehen Sie neuen Spuren nach, Sie versuchen, die verschiedenen Fäden zusammenzubringen, Muster zu erkennen und zu entwickeln. Es geht darum, alle »Spuren«, die das Team verfolgt, festzuhalten, mit anderen Ergebnissen zu kombinieren, nach neuen Wegen zu suchen und aus den Ergebnissen neue Umsetzungsideen zu generieren.
- Kreativität lässt sich nicht anordnen. Natürlich können Sie Mitarbeitern befehlen, über Nacht zehn Ideen zu einem bestimmten Thema zu entwickeln, Lösungen zu adaptieren und

zu übertragen und Gedanken zu konstruieren, die einen eingeschränkten Grad an Originalität besitzen. Allerdings erzielen Sie auf diese Art selten kreative Durchbrüche. Führungskräfte müssen im Prozess der radikalen Innovation vielmehr: ein Umfeld schaffen, in dem Ideen entstehen können; nach Menschen schauen, die fehlende Puzzle-Stücke zur Entwicklung von Ideen ins Team tragen; das Team um bestimmte kreative Köpfe erweitern oder Aufgaben neu verteilen.

- Sie müssen den Regelbruch zulassen. Nehmen wir an, Sie fliegen von Frankfurt nach Mallorca. Beim Einsteigen ins Flugzeug hören Sie aus dem Cockpit folgende Unterhaltung. Der Pilot zum Kopiloten: »Sag mal, wie stehst du denn zu den ganzen Regeln im Flugverkehr? Beengen die dich auch?« Der Kopilot antwortet: »Ja, das geht mir genauso. Lass uns doch heute einmal ... frei fliegen.« Sie würden das Flugzeug vermutlich fluchtartig verlassen. Wann immer Sie Unternehmen auf operative Effizienz trimmen, sind klare, nachvollziehbare und einheitliche Regeln unerlässlich. Checklisten, Verfahrensabläufe, Prozessschritte. Während Sie im Bereich der inkrementellen Innovation vor allem darauf abzielen, bestimmte Regeln einzuhalten, tun Sie bei radikaler Innovation praktisch das Gegenteil. Radikale Innovation entsteht, wenn Menschen Dinge gezielt infrage stellen, Regeln nicht als gegeben hinnehmen und versuchen, Wege drum herum zu finden.

Beispiel Beim Spülmaschinenhersteller Hobart standen Regeln der Entwicklung einer neuen Geschirrspüler-Generation im Weg. Es gibt eine DIN-Norm, die genau besagt, wie ein Spülprozess auszusehen hat, welche Temperaturen wann angewendet werden, wie hoch der Wasserdruck ist und wie viele Chemikalien eingesetzt werden dürfen. Alles ist genau festgelegt. Den Entwicklern einer neuen Spülmaschinengeneration war von vornherein klar, dass sie die DIN-Norm würden verletzen müssen, um Innovation voranzutreiben. Am Ende verletzte der Prozess der Premax-Serie die DIN-Norm, aber das Spülergebnis war besser: Das in der Norm geforderte Hygieneergebnis wurde übertroffen, bis zu 50 Prozent Wasser, 30 Prozent Energie und 80 Prozent Chemie wurden eingespart.

Um diese Art von Regelbruch geht es – nicht um den Regelbruch um des Regelbruchs willen. Bestimmte Marktregeln und Grundannahmen, auf denen ganze Branchen basieren, sind bewusst infrage zu stellen. Diese formellen und informellen Regeln wurden häufig aus gutem Grund implementiert und sind sinnvoll, solange das operative Geschäft vorangetrieben werden soll. Nur Innovation stehen sie im Weg.

Entwicklung durch Iteration

Ein wesentliches Hauptmerkmal von Innovation Greenhouses ist die Herangehensweise, durch zahlreiche Iterationsschleifen aus verschiedenen Konzepten das vielversprechendste zunächst zu entwickeln und später herauszufiltern. Dazu wird unter Hochdruck schnelles Feedback unterschiedlichster Einflussgruppen eingeholt. Anschließend wird das Konzept – ebenfalls mithilfe von Iterationsschleifen – zunächst optimiert und dann in einen Testmarkt eingeführt. Iteration erlaubt es, schnell neue Chancen zu nutzen, anstatt stur einem Weg zu folgen, obwohl ein anderer deutlich chancenreicher ist, nur weil es der Ablaufprozess so vorsieht.

Beispiel Sie starten mit der Idee, ein neues Produkt auf den Markt zu bringen. Durch Iteration stellen Sie fest, dass sich das Produkt über Ihre klassischen Vertriebskanäle wie den Einzelhandel nicht vertreiben lässt. Sie suchen nach neuen Wegen und setzen auf das Internet. Plötzlich verändert sich das Produkt. Der Produktnutzen, den Sie ursprünglich für Ihren alten Vertriebskanal entwickelt haben, muss dem neuen Vertriebsweg angepasst werden: Im Einzelhandel war es ein beratungsintensives Produkt, jetzt muss der Nutzen einfach und schnell ohne Beratung zu erfassen sein. Zudem stellt sich heraus, dass Sie im Internet Servicedienstleistungen rund um das Produkt verkaufen können: Installationsdienste, Wartungspakete, Update-Pakete etc.

Während Sie an Ihrem Internetportal arbeiten, erfahren Sie von der Möglichkeit, Produkte zu individualisieren. Ihr Internetprovider bietet Ihnen für ein halbes Jahr einen Produktkonfigurator zum Testen an, der Produzent sagt auf Nachfrage, das das möglich sei. So entsteht ein komplett neues Geschäftsmodell, an das Sie zu Beginn des Projekts nicht einmal ansatzweise gedacht haben.

Bei linearen Prozessen mit festem Ausgangs- und Endpunkt ist ein Vor und Zurück nur sehr eingeschränkt möglich. Iterative Prozesse hingegen sind davon geprägt, dass sie zwar auf ein Ziel hinsteuern, dieses jedoch nicht in einer klar nachvollziehbaren Abfolge von Schritten erreichen. Stattdessen werden immer wieder Schleifen gedreht – vor und zurück, links und rechts beziehungsweise nach oben und nach unten. In kreativen Prozessen ist dieses Vorgehen vollkommen normal.

Der Unterschied zwischen linearen und iterativen Prozessen

Linearer Prozess: Ein Unternehmen braucht eine Idee und veranstaltet einen Workshop. Hier werden verschiedene Ideen entwickelt und anschließend nach verschiedenen Kriterien geordnet, bewertet und umgesetzt. In mehreren Entscheidungsstufen geht es von der Konzept- in die Test- und schließlich in die Umsetzungsphase. Diese klassische Herangehensweise ist in vielen Unternehmen etabliert, beispielsweise im Bereich des Ideenmanagements. Für inkrementelle Innovation hat sich dies durchaus bewährt: Einflussfaktoren von außen sind nur sehr eingeschränkt notwendig, Ideen können von den Verantwortlichen innerhalb des Unternehmens meistens problemlos begutachtet und bewertet werden, die Umsetzung erfolgt innerhalb eines bekannten und feststehenden Rahmens.

Iterativer Prozess: Die Idee ist nur der Ausgangspunkt. Sie wird zunächst im kleinen Kreis entwickelt und dann mithilfe externer Kreativer, Kunden, Partner und außenstehender Experten zu verschiedenen Konzepten weitergesponnen. Meistens entstehen in dieser Phase neue Ideen, die dann ebenfalls weiterentwickelt werden. Kurz danach werden die Ideen visualisiert und detailliert ausgearbeitet. Von Kunden wird Feedback eingeholt. Sie sagen, dass sie die Idee zwar gut, aber noch nicht wirklich ausgereift finden. Externe Experten, beispielsweise aus der Technik, rufen an und sagen, dass ihnen im Nachhinein noch der Gedanke gekommen sei, dass man die Ideen, wenn sie etwas anders wären, leichter umsetzen könnte. Kreativen Designern fällt ein, dass sie, nachdem sie zwei Mal darüber geschlafen haben, noch eine andere Idee haben. Und Partner fragen bei ihren Mitarbeitern nach, welche Ideen sie noch haben. Durch diesen Input verändert sich die Ursprungsidee beziehungsweise das Konzept. Es wird überarbeitet und in der neuen Version noch einmal mit Kunden, Partnern und Externen besprochen. Aus diesen Gesprächen wiederum ergeben sich neue Ideen – häufig dienen die Ursprungsideen sogar nur als Katalysatoren für weitere kreative Konzepte. Sie werden getestet, dabei ergibt sich eine Priorisierung. Für die priorisierten Konzepte werden weitere Ideen entwickelt und so weiter.

Iterationsschleifen scheinen im ersten Moment chaotisch, sind es aber nicht. Im Gegenteil: Sie folgen einem festen Muster. Ideen werden entwickelt und priorisiert, die besten werden zu Konzepten weiterentwickelt. Prototypen werden ausgearbeitet und getestet, Feedback fließt ein und wird ausgewertet. Auf Basis des Feedbacks werden Ideen modifiziert beziehungsweise neu entwickelt, sie werden wieder priorisiert, zu Konzepten und Prototypen entwickelt, getestet und so weiter. Teams wägen ständig ab: Ist das Konzept wirklich gut genug? Ist es bereits die optimale Version? Haben wir an alles gedacht? Dieses Vorgehen stellt sicher, dass sich Konzepte in kürzester Zeit weiterentwickeln – und zwar nicht zu irgendwelchen, sondern zu den bestmöglichen, ausgereiftesten Konzepten.

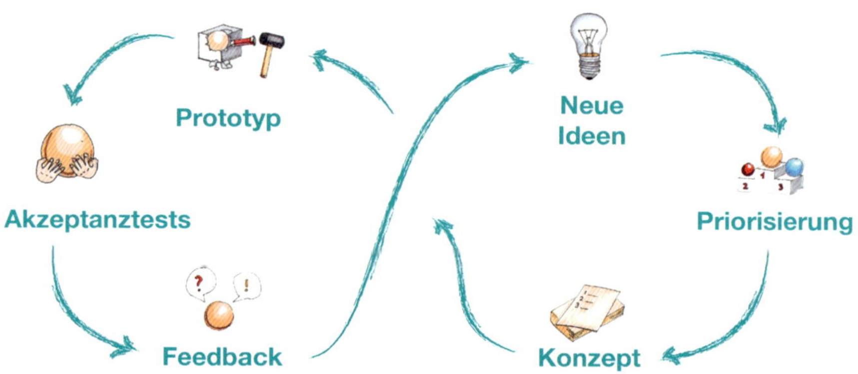

Das hat den Vorteil, dass sich Ideen und Konzepte lange in einem geschützten Raum bewegen und reifen können. Durch die Mitwirkung von Kunden, Partnern, Experten und Kreativen fließen weitere Ideen ein. Die besten Konzepte setzen sich in einem generischen Prozess durch, nicht durch eine Ja-oder-Nein-Abstimmung. Iteration minimiert das Risiko von Fehlschlägen deutlich: Schwächen werden in einer sehr frühen Phase erkannt, was das Risiko teurer Fehlentwicklungen deutlich reduziert.

Das Iterationsnetzwerk

Iteration geschieht schnell. Rund um das Innovation Greenhouse bildet sich ein Netzwerk, das rasch aktiviert und genutzt werden kann. Dieses Netzwerk besteht aus

- neuen und potenziellen Kunden; frühen Adaptoren, die daran interessiert sind, Neues zu entdecken und auszuprobieren; Stammkunden, die die Produkte des Unternehmens mit entwickeln und verbessern wollen; sowie Zielkunden, die in der explorativen Phase identifiziert wurden und als neue Kunden Produkte mit entwickeln,
- Partnern mit berechtigtem Interesse daran, Innovation mit zu entwickeln: Vertriebspartner (bestehende oder künftige), technische Partner (die später die komplette oder Teile der Entwicklung übernehmen), Lieferanten (die später in der Prozesskette direkt beteiligt sind),

- Experten, die sich in den bestehenden beziehungsweise neu zu schaffenden Märkten auskenne; technische Experten (unternehmensinterne und -externe, Forscher, Professoren, Studenten der Fachrichtung); Innovationsexperten (Trendexperten, Experten für Zukunftstechnologien etc.),
- Kreativen wie beispielsweise Designern, die im Prozess der Entwicklung ihre Ideen mit einfließen lassen; Entwickler, die schnell in der Lage sind, Prototypen zu entwerfen und umzugestalten; junge Start-up-Unternehmer, die einerseits Energie und Ideen mitbringen, andererseits durch ihre Vorarbeit (beispielsweise im technologischen Bereich) ein Teil der größeren Innovation werden könnten.

Die Funktion der verschiedenen Gruppen

Die Mitglieder des Netzwerkes stehen über das Kernteam miteinander in Kontakt. Situativ werden beispielsweise Zielkunden mit Designern zusammengebracht, um darüber zu sprechen, wie das Design verändert werden müsste, um neue Märkte wirklich anzusprechen. Oder Vertriebspartner werden mit Trendexperten vernetzt, um Zukunftsprognosen für den Vertrieb zu entwickeln.

Jede Gruppe im Netzwerk hat eine andere Funktion:

- Die Kundensicht ist wichtig – Innovationen müssen wirklich das Bedürfnis der Kunden treffen, sodass beispielsweise das Design oder die Handhabbarkeit einer Innovation auch tatsächlich auf Akzeptanz stößt. Ihr Feedback enthält Schwierigkeiten und Probleme, häufig aber auch Verbesserungsideen, und fließt in den iterativen Optimierungsprozess ein.
- Partner haben eine ähnliche Funktion. Häufiger kommen von ihnen konkrete Ideen, wie beispielsweise ein Produkt optimiert werden muss, damit ein bestimmter Vertriebsweg voll ausgeschöpft werden kann. Partner haben den Vorteil, dass sie ihr Netzwerk aktivieren können.
- Experten werden benötigt, um schnelle Ideen rasch auf Machbarkeit hin zu überprüfen. Ihr Feedback besteht vor allem aus Einschätzungen, die dem Kernteam helfen, die Innovation mit Blick auf die größtmögliche Machbarkeit zu entwickeln.

- Kreative dienen vor allem als Ideengeber. Ausgehend vom Iststand einer Entwicklung suchen sie nach Verbesserungsvorschlägen beispielsweise im Design, der technischen Entwicklung oder der Namensgebung.

Der Einsatz von Prototypen

In Innovation Greenhouses ist es wenig sinnvoll, gleich auf teure, perfekte Lösungen zu setzen. Vielmehr geht es darum, mit dem Prototypen eines künftigen Produkts oder Angebots in den Markt hineinzugehen und diesen auf Akzeptanz zu testen. Prototypen dienen dazu, so viel Input durch Kunden, Partner, Experten und Kreative zu bekommen wie möglich – ohne in ein großes Investment treten zu müssen. Einen Prototypen könnte man als »Innovationsversicherung« bezeichnen. Er soll das Gefühl der späteren Innovation vermitteln und so authentisch wie möglich aussehen – das eigentliche Produkt, die Dienstleistung oder das Geschäftsmodell muss dabei noch nicht einmal existieren.

Prototypen können unterschiedlichster Natur sein: Es können 3D-Animationen eines Produkts im Internet, Werbeprospekte einer potenziellen Dienstleistung oder eine App beziehungsweise mobile Webseite sein, die die Innovation klar und deutlich erklärt. Wichtig ist, dass die künftige Zielgruppe den Nutzen versteht und ein Gefühl dafür bekommt, wie sich die Innovation anfühlt beziehungsweise wie

> *»Anything that won't sell, I don't want to invent.«*
> **[Thomas Edison, 1847 – 1931, Erfinder]**

sie funktioniert. Ein Prototyp kann auch ein Werbefilm auf YouTube sein, eine interaktive Animation, ein Modell, das über einen 3D-Drucker produziert wurde, oder sogar eine Fälschung: ein Produkt, das in dieser Form noch gar nicht existiert und das aus bestehenden Komponenten anderer Produkte zusammengesetzt ist.

Beispiel Sie wollen beispielsweise ein Nahrungsmittel mit vollkommen neuen Funktionen herausbringen und es der Kategorie »Functional Food« zuordnen? Nehmen Sie als Prototypen ein bestehendes Nahrungsmittel, das über keinerlei gesundheitliche Vorteile verfügt. Schließlich wollen Sie sehen, ob das Konzept eines solchen Nahrungsmittels funktioniert. Die nachhaltige Wirksamkeit wird zu einem späteren Zeitpunkt überprüft.

Der Prototyp dient nicht dazu, die perfekte Rezeptur an Zutaten zu finden. Sie wollen herausbekommen, ob Verbraucher an einem solchen Produkt interessiert sind, welche Marketingaussagen gemacht werden müssen, um zu überzeugen, und ob möglicherweise das Geschäftsmodell verändert werden muss. Statt über den Einzelhandel könnte das Produkt etwa über einen Gesundheitsklub im Internet vertrieben werden. Wenn Sie eine neue Internetdienstleistung anbieten wollen, programmieren Sie preisgünstig eine Internet-Musterseite mit sehr eingeschränkten Funktionen, die Sie vorführen können. Oder Sie programmieren eine mobile Applikation und simulieren beispielsweise GPS-Anwendungen.

Beispiel Die japanische Firma NEC präsentierte auf den Vodafone Innovation Days 2011 ein System, das Gesichter von Menschen schnell erkennt sowie deren Geschlecht und Alter ermittelt. Im ersten Moment – so scheint es – eine Spielerei, zumal es mehrere Sekunden dauert, bis die Software einen Menschen identifiziert. Trotzdem haben die Entwickler bereits sehr konkrete Anwendungsfelder im Hinterkopf: So kann das System beispielsweise an öffentlichen Plätzen installiert werden und Supermarktbetreiber könnten genau sehen, wie sich ihre Käuferschaft zu welchem Zeitpunkt zusammensetzt. Das Angebot ließe sich viel genauer aussuchen und platzieren.

Bei einer Befragung potenzieller Kunden ist es eher unwahrscheinlich, dass Ihnen jemand sagt: »Wenn ich nur wüsste, wie sich die Zusammensetzung meiner Kundschaft im Laufe eines Tages oder einer Woche verändert. Dann wäre ich in der Lage, bestehende Angebote zu variieren und optimal auf die Zielgruppe abzustimmen.« Dazu bräuchten Sie schon einen sehr experimentierfreudigen Supermarktleiter – zumal ja nicht einmal erwiesen ist, dass sich Verkäufe dadurch wirklich steigern lassen. Prototypen dienen dazu, Kunden den Vorteil einer Lösung zu vermitteln, ohne dass es die Lösung bereits wirklich gibt.

Prototypen sind eine perfekte Show

Wenn Sie einen Film gucken, bei dem plötzlich das Motorrad an der Decke statt auf dem Boden fährt, weiß jeder, dass es sich um einen Effekt handelt. Wenn der Hauptdarsteller plötzlich auf ein Zehntel seiner Größe zusammenschrumpft und sich als kleiner Zwerg durchs Leben kämpfen muss, wissen wir instinktiv, dass das nicht die Realität ist. Trotzdem glauben wir es. Und wenn in einem Film ein Haus explodiert, wissen wir, dass es sich hierbei um einen Trick handelt und das echte Haus noch dort steht, wo es vor Beginn der Dreharbeiten war – so es jemals eines gegeben hat. Das Ziel eines guten Showeffekts besteht darin, Realität zu simulieren, nicht sie darzustellen. Eine Realitätssimulation ist deutlich preiswerter: Natürlich könnte man für Filmarbeiten reihenweise Häuser in die Luft sprengen. Das wäre nur nicht sehr wirtschaftlich. Mit hoher Wahrscheinlichkeit fragt nach der ersten Haussprengung der Kameramann: »Können wir das noch einmal drehen? Ich habe vergessen, scharfzustellen«, und nach der zweiten sagt der Schauspieler: »Ich war nicht zufrieden mit mir, das müssen wir noch einmal machen.« Simulationen sind in jedem Fall deutlich preiswerter als die Realität. Entsprechend ist auch ein Prototyp nur eine Simulation der Realität.

Tipp Nutzen Sie Prototypen vor allem, um schnelle Veränderungen zu ermöglichen. Ist ein neues Produkt erst einmal perfekt entwickelt, ist es viel schwieriger, Änderungen vorzunehmen, als wenn dies in der sehr frühen Phase des Prototyps passiert. Wenn eine Dienstleistung am Markt nicht angenommen wird, ist es sinnvoll, das Konzept zu ändern, bevor Hunderte von Mitarbeitern das Schulungsprogramm durchlaufen. Und wenn ein Geschäftsmodell sich als nicht tragfähig erweist, ist es besser, dies frühzeitig zu erfahren.

Ähnlich wie die Produktion eines Hollywood-Films braucht auch die Anfertigung von Prototypen große Kreativität. Muss wirklich schon eine erste anfassbare Version eines Produkts existieren? Oder reichen Werbeprospekte? Muss eine Dienstleistung wirklich schon real erlebbar sein? Oder genügt ein Film, der humorvoll und emotional die Idee vorstellt, um Kundenfeedback einzuholen? Muss ein neues Geschäftsmodell wirklich schon existieren? Oder reicht eine interaktive Flashanimation zum Durchklicken?

Die Entwicklung von Prototypen hilft, das Risiko teurer Fehlinvestitionen zu minimieren. Statt der realen Innovation werden das spätere Produkt, die Dienstleistung oder das Geschäftsmodell simuliert. So können Sie schnell, effektiv und mit einem hohen Maß an Genauigkeit Prognosen für den späteren Erfolg eines radikalen Innovationsprojekts abgeben.

Testmärkte schaffen und nutzen

Die Simulation wird soweit aufbereitet, dass sie in einen Test gehen kann. Dazu wird ein Testmarkt definiert, in dem unbefangenen Kunden und Konsumenten die Innovation angeboten wird. Wichtig ist dabei, dass bereits eine reale Entscheidungssituation für Kunden simuliert wird.

Beispiel Ein Reiseanbieter will bisherige Reisekonzepte mit neuen Servicedienstleistungen aufwerten. Als Testmarkt werden Reisebüros des Konzerns herangezogen. Das Produkt wird in Form von Werbebroschüren sowie einem Werbefilm aufbereitet. Beides wird Kunden präsentiert. Sie werden in einem Verkaufsgespräch von den Vorzügen dieser Dienstleistung informiert. Anschließend werden sie gefragt, ob sie diesen Service zu ihrer Reise dazubuchen wollen. Gemessen wird a) das allgemeine Interesse von Kunden und b) die vorhandene Kaufbereitschaft.

Dieses Vorgehen gibt einen guten Eindruck davon, ob Kunden bereit sind, ein neues Produkt beziehungsweise eine neue Dienstleistung wirklich zu kaufen. Der Einwand, man täusche Kunden, indem man ihnen vorgaukle, die Dienstleistung gebe es bereits, ist grundsätzlich richtig. Es besteht natürlich die Gefahr, dass sich Kunden vom Reiseveranstalter ihres Vertrauens getäuscht fühlen, weil es die angebotene Dienstleistung noch gar nicht gibt. Doch mit der richtigen Gesprächsführung seitens des Verkaufspersonals, verbunden mit einem kleinen Dankeschön lässt sich dieser Einwand sehr schnell beiseitewischen. Das Risiko ist relativ gering im Vergleich zur Gefahr, eine innovative Dienstleistung oder ein Produkt auf den Markt zu bringen, das dann floppt.

Ein so begrenzter Testmarkt ist keine Garantie für den künftigen Erfolg einer Innovation, jedoch der mit Abstand beste Frühindikator. Bei einer klassischen Marktforschung würde lediglich abgefragt, ob ein Befragter etwas kaufen würde. Bei einem Markttest werden alle Beteiligten aufgefordert, ein bestimmtes, scheinbar bereits vorhandenes Produkt beziehungsweise eine scheinbar vorhandene Dienstleistung wirklich zu kaufen.

Beispiel Ein Hersteller von Milchprodukten sucht nach neuen Absatzkanälen. Es entsteht die Idee eines Vertriebsmodells, das auf einem Klubkonzept basiert. Statt Milchprodukte ausschließlich über den Einzelhandel zu vertreiben, werden Sportvereine als Vertriebskanal ausprobiert. Um diesen Vertriebskanal herum wird ein Natural-Fitness-Konzept etabliert. Milchprodukte werden als unterstützende Nahrung zum Training positioniert. Nach der Prototypenphase wird ein Testmarkt etabliert: Zwanzig Sportvereine, bei denen die Vorsitzenden und Trainer gewonnen werden, beim Experiment mitzumachen. Die Innovation wird als reelle Simulation dargestellt, Trainer bringen Mitgliedern das Konzept nahe. Gemessen werden die Interessensrate sowie die Rate der Mitglieder, die sich für dieses Programm tatsächlich anmelden. Im Gegenzug für die Teilnahme erhalten die Sportvereine eine großzügige Spende. Diese Spende ist im Vergleich zu einem potenziellen Flop des Geschäftsmodells eine sehr überschaubare Investition.

Die Grenzen zwischen der iterativen Entwicklungs- und Optimierungsphase und der Einführung in den Testmarkt sind fließend. Informationen aus dem Testmarkt werden in die Entwicklung zurückgespielt, es gibt eine erste, zweite und dritte Phase des Testmarkts. In diesem muss sich die Innovation bewähren. All das im Zeitraum von wenigen Wochen.

Ein neues Geschäftsmodell im B2B-Bereich wird zunächst in enger Kooperation mit zwei bis drei Kunden entwickelt. Diese Kunden erhalten Vorzugspreise und wissen, dass sie »Testkaninchen« sind. Für das Experiment werden im Unternehmen mehrere Verantwortliche eingeweiht, die die Details kennen. Es wird getestet, wie die Mitarbeiter des Unternehmens die Innovation annehmen und ob sie meinen, dass ihnen diese Innovation bei ihrer Arbeit hilft. Auch können für die Testphase kreative Honorarmodelle ausgehandelt werden. So kann beispielsweise vereinbart werden, dass das Unternehmen als Honorar nur einen Teil von dem bezahlt, was die Innovation einspart.

Fazit In der offensiven Phase geht es darum, so schnell wie möglich – idealerweise binnen weniger Wochen – von theoretischen Konzepten zu durchdachten Prototypen zu gelangen, die ihren ersten Test bereits bestanden haben. Innovationsteams treiben Projekte mit einer Art »Turboeffekt« voran. Innerhalb kürzester Zeit und mit einem sehr begrenzten finanziellen Risiko erfährt das Unternehmen, ob das Innovationsprojekt Erfolg versprechend ist oder nicht.

- Die Auswahl der Mitglieder im Kernteam ist entscheidend. Visionäre und Macher müssen zusammenarbeiten, getrieben vom Erfolgswillen.
- Die Teams werden von einem Netzwerk unterstützt, das es ihnen erlaubt, in kürzester Zeit Prototypen zu erstellen, zu testen und unterschiedlichste Sichtweisen einfließen zu lassen.
- Der Testmarkt (beziehungsweise die Testmärkte) sind außerordentlich gute Indikatoren für einen späteren Erfolg oder Misserfolg.

In der offensiven Phase erkennen Unternehmen schnell, welche Innovationen am Erfolg versprechendsten sind. Sie können in der integrativen Phase das Innovationsprojekt mit deutlich reduziertem Risiko aufbauen.

Der Transfer: Aus dem Greenhouse zurück ins Unternehmen

Es gibt einen Grund, warum so wenige Unternehmen den Mut haben, radikale Innovation in Form kleiner, beweglicher Start-up-Teams vorantreiben zu lassen, Strukturen aufzubrechen und Mitarbeiter für mehrere Monate an neuen Projekten arbeiten zu lassen. Es ist weniger die Angst vor dem Scheitern, als die Angst vor dem Erfolg.

Was ist, wenn das Projekt gelingt? Was passiert, wenn das Innovationsprojekt zwar erfolgreich ist, jedoch in einer Form, mit der zuvor niemand gerechnet hat? Was passiert, wenn sich die ursprünglichen Annahmen über Märkte als falsch erweisen, sich im Verlauf des Prozesses aber neue Chancen für neue Märkte eröffnen? Was passiert, wenn die schnelle Pionierarbeit innerhalb eines Start-up-Teams plötzlich wieder auf interne Richtlinien und Prozesse trifft? Und wie kann ein junges, »wildes« Team, das bis gestern innerhalb eines geschützten Innovation Greenhouse experimentieren konnte, damit umgehen, dass es heute plötzlich wieder mit den Gewittern des Alltags konfrontiert wird?

Sie brauchen einen Plan für diesen Moment. Ohne eine systematisch geplante Rückkehr des internen Start-ups ins Unternehmen besteht tatsächlich die Gefahr, dass zwei Welten aufeinanderprallen – und das kann für das ambitioniert gestartete Innovationsprojekt gefährlich werden. Für das Unternehmen indes ist die Gefahr gering: Eher wird das Start-up in den Mühlen der Organisation zermahlen, als dass sich ein Unternehmen voller Routinen, Systemen und Regeln aus der Ruhe bringen lässt.

Die Integration eines internen Start-ups verläuft in mehreren Stufen. Der Prozess wird nicht von heute auf morgen umgesetzt, sondern es handelt sich um einen Annäherungsprozess, bei dem beide Kulturen ihre Vorteile nutzen. Denn die klassische Konzernstruktur mit der damit verbundenen Kultur hat genauso ihre Vorzüge wie die wilde, flexible Start-up-Kultur.

Vorteile der Kultur in Innovation Greenhouses	Vorteile einer klassischen Konzernkultur
Wendigkeit und Kreativität erlauben schnelle Entwicklungen, Akzeptanztests und Veränderungen. Iterative Prozesse sind möglich.	Prozesse und etablierte Strukturen erlauben eine Markteinführung auf breiter Basis.
Schnelle Reaktion auf Marktfeedback, schnelle Anpassung der Innovation selbst nach der Einführung noch möglich	Schnelles Wachstum nach erfolgreicher Markteinführung (beispielsweise durch Internationalisierung)
Pioniergeist, hohes Maß an Veränderungswillen	Hohes Maß an Beständigkeit, Stabilität in den Prozessen
Ausgelegt auf Flexibilität, wichtig in der Anfangsphase	Ausgelegt auf Standardisierung, wichtig im späteren Prozess

Vorsichtiges Andocken

Ein internes Start-up von heute auf morgen in vorhandene Unternehmensstrukturen einzugliedern, kann den gleichen Effekt haben wie ein Meteorit, der die Erdoberfläche trifft: Es gibt einen großen Knall, Feuer bricht aus, zurück bleibt ein tiefer Krater – vom Start-up selbst bleiben nur Fragmente übrig. Gerade in der sehr instabilen Anfangsphase einer radikalen Innovation bremsen starre Unternehmensstrukturen und Vorgaben das Projekt schnell aus, möglicherweise bringen sie es sogar zum Erliegen.

In der Andockstufe werden vorsichtige Bande zwischen dem Start-up und den verschiedenen Abteilungen geschlossen. Das Start-up kann Ressourcen des Unternehmens verstärkt nutzen, um beispielsweise von ersten Markttests zu einer versuchsweisen Markteinführung zu kommen, Varianten eines »echten« Produkts oder Geschäftsmodells zu entwickeln oder um auf die Ressourcen der internen IT für erste Prozesse zuzugreifen. Die Andockphase ist vergleichbar mit der Kooperation zweier Unternehmen, bei der beide gewinnen: Das Start-up behält die Flexibilität, die es benötigt, um die Innovation weiter zu verändern und zu optimieren, und die Ressourcen des Unternehmens werden durch weitere eventuell erforderliche Iterationsschleifen nur sehr gering belastet.

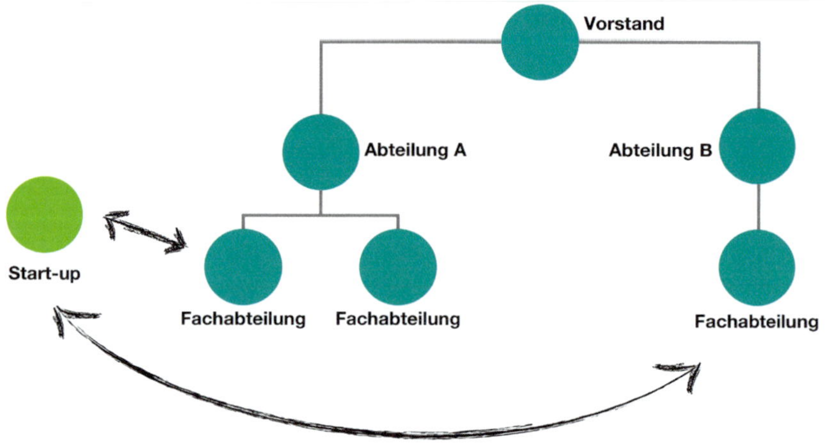

Die Strukturen des Unternehmens werden situativ genutzt

Ist es beispielsweise sinnvoll, auf bestehende Vertriebsstrukturen zurückzugreifen, hat das Start-up darauf Zugriff. Einengende Strukturen jedoch, die die schnelle Weiterentwicklung des Innovationsprojektes verhindern würden, werden noch nicht etabliert. So nutzt in dieser Phase das interne Start-up noch die Freiheit, das eigene Netzwerk für Entwicklungen, Feedback und Ideen zu nutzen, auch unterliegt es noch nicht der häufig restriktiven Personalpolitik von Unternehmen. Gleichzeitig jedoch kann es förderliche Strukturen nutzen. Für das Start-up ergibt sich der Vorteil, sich die Rosinen aus der Zusammenarbeit mit dem großen Unternehmen herauspicken zu können. Das große Unternehmen braucht noch keine Verwaltungsabläufe zu initiieren, wo es bislang nicht nötig ist. Die Administration des Start-ups bleibt schlank.

Mitarbeiter und Führungskräfte aus den verschiedenen Abteilungen und Funktionsbereichen des Unternehmens kommen mit dem Start-up in Berührung. In dieser Phase des Andockens stellt sich schnell heraus, wer intrinsisch motiviert ist, das noch junge Pflänzchen voranzutreiben. Vielleicht finden sich Mitarbeiter, die von ihrem derzeitigen Tätigkeitsfeld in eine neue Position wechseln wollen. In der Andockphase bleibt genügend Zeit, intern für eine Neubesetzung der alten Stellen zu sorgen. Der Bruch innerhalb des Unternehmens ist deshalb deutlich geringer.

Zugleich ist die Andockphase ein Test, inwieweit die Kulturen und Strukturen miteinander harmonieren. Bremst die Struktur des Konzerns das Innovationsprojekt zu sehr aus? Passen die mitunter chaotisch wirkende und nach außen orientierte Kultur des Start-ups und die oft auf Standardisierung und regelmäßige Abläufe bedachte Kultur des Konzerns zusammen? Gewinnt das Management so viel Vertrauen in die Zukunft des internen Start-ups, dass es die notwendigen Investitionsentscheidungen treffen wird, die für eine Markteinführung sowie Wachstum erforderlich sind?

Der Ausgang der Andockphase ist nicht vorherbestimmt. Im Kern gibt es drei Möglichkeiten:

Möglichkeit 1: Die Andockphase wird verlängert. Das interne Start-up und das Unternehmen verlängern die Phase der informellen Zusammenarbeit, möglicherweise wird sie formalisiert. Vonseiten des Managements werden klare Bedingungen formuliert, unter welchen Umständen das Unternehmen bereit ist, weiteres Geld und Ressourcen in das Start-up zu investieren.

Möglichkeit 2: Das Start-up wird als selbstständiges Unternehmen ausgegliedert. Seine Mitglieder erhalten eine Finanzierung zur Gründung und zum Aufbau eines selbstständigen Unternehmens, das innerhalb der nächsten Jahre unabhängig vom ursprünglichen Unternehmen am Markt agiert und Strategien entwickelt. Die Mitarbeiter dieses jungen Start-ups erarbeiten selbstständig einen Businessplan und gehen die nächsten Schritte. Das Unternehmen sichert sich einen Anteil am neu gegründeten Start-up, die Mitglieder suchen sich jedoch unabhängig davon weitere Finanzierungsquellen. Vertraglich kann geregelt werden, dass das »Mutter«-Unternehmen einen bestimmten Geschäftsanteil und bestimmte Mitspracherechte behält, im Wesentlichen jedoch ist das Start-up unabhängig.

Möglichkeit 3: Das Start-up wird weiter eingegliedert. Langsam aber sicher beginnt der Weg des Unternehmens. Die Beziehungen werden stärker, weitere Teammitglieder kommen hinzu. Die zweite Stufe wird eingeleitet: Das Start-up wird noch nicht vollständig eingegliedert, aber bereits angegliedert.

Die Angliederung an das Unternehmen

Das interne Start-up erhält zunehmend Strukturen, das Netzwerk löst sich langsam auf, erste Mitglieder des Netzwerks wechseln in offizielle Funktionen. Auch Mitarbeiter des Mutterunternehmens entscheiden sich in dieser Phase möglicherweise für eine neue, spannende Herausforderung und wollen am nächsten Innovationsprojekt mitwirken. Funktionen werden definiert, Budgets vergeben, das interne Start-up kann fast vollständig auf die Ressourcen des Unternehmens zurückgreifen.

Die Angliederung hat im Gegensatz zu einer Ausgliederung den Vorteil, dass das Start-up Mitarbeiter des Unternehmens nutzen kann, die über Expertise verfügen – und die kann eine junge Innovation gebrauchen. Gleichzeitig können sehr schnell Ressourcen genutzt werden, um nach einer erfolgreichen Markteinführung in die Phase der Expansion zu gehen. Jedoch verliert das Start-up dabei Flexibilität und möglicherweise einen Teil seiner Kreativität. Zu jedem Zeitpunkt muss abgewogen werden, ob das Bedürfnis nach festen Strukturen und Standardisierung oder das Bedürfnis nach Kreativität und Flexibilität überwiegt.

An dieser Stelle ist auch eine Einbindung in den Innovationsprozess des Unternehmens denkbar und sinnvoll. Zugleich ist die Stufe der Angliederung ein weiterer Test. Sie kann rückgängig gemacht werden, wenn sie sich als nicht zielführend oder sogar behindernd erweist.

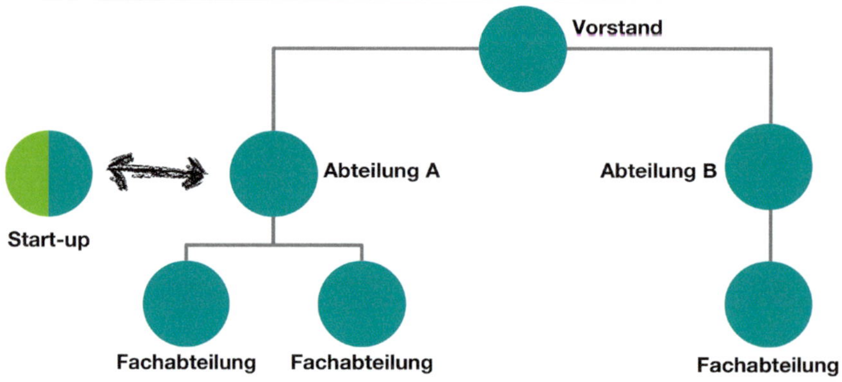

- Wieder einmal wird geprüft, ob sich die Strukturen des Start-ups mit den Strukturen des Konzerns vertragen. Leidet der Innovationsgeist? Wird die Aufbruchsstimmung unterdrückt? Klagen die Teammitglieder über zunehmende, destruktive Kontrolle?
- Ist die Phase der Standardisierung zu früh angesetzt? Ist der Bedarf an Kreativität und Flexibilität weiterhin hoch?
- Leidet das Image, das die Innovation durch die Unabhängigkeit am Markt hat?

Beispiel Der Imagefaktor darf nicht unterschätzt werden: Viele erfolgreiche Start-ups der letzten Jahre haben ihren nachhaltigen Erfolg dem Image der »jungen Wilden« zu verdanken. Nicht immer überlebt dieses Image die Integration in einem großen Konzern. 15 Monate, nachdem sich die zum Oetker-Konzern gehörende Radeberger Gruppe mit 70 Prozent an einer Holding des Limonaden-Start-ups Bionade beteiligt hatte, vermeldete das Unternehmen einen Strategiewechsel: Bionade fuhr sein Engagement gegen Gentechnik in der Agrarindustrie zurück und begann stattdessen, Veranstaltungen wie »Jugend trainiert für Olympia« zu unterstützen. Für die Fangemeinde, die Bionade lange Zeit für Wersprüche wie »Das offizielle Getränk einer besseren Welt« bewundert hatte, eine Enttäuschung. In Internetforen waren Einträge zu lesen wie »Auch wenn ich Bionade bisher ganz gut fand, will ich Dr. Oetker nicht noch mehr Geld in den Rachen werfen«. Ökoläden listeten Bionade wieder aus. In den Szenekneipen, die Bionade populär gemacht hatten, wurde zu Fritz-Kola, Sinalco und anderen neuen Trendbrausen gegriffen. Zwei Jahre nach dem Einstieg von Dr. Oetker bei Bionade meldete die FAZ: »Unter dem neuen Eigentümer ging es bergab. Bionade hat fast zwei Drittel seines Umsatzes verloren. ... Die Marke sei systematisch zerstört worden, sagen Marktforscher, sie habe verloren, wofür sie einst stand: Authentizität.«

Falls der Test negativ verläuft, kann von der Phase der Angliederung jederzeit in die Phase des Andockens zurückgekehrt werden. Auch eine Ausgliederung des internen Start-ups in ein selbstständiges Unternehmen kann zu diesem Zeitpunkt noch erwogen werden. Es ist besser, wenn ein Start-up unabhängig bleibt, als wenn eine zukunftsweisende radikale Innovation in den Strukturen eines gewachsenen Konzerns erdrückt wird.

Die Eingliederung in das Unternehmen

Aus dem ehemaligen Start-up wird nun eine eigenständige Abteilung beziehungsweise Fachabteilungen treiben die Innovation voran. Auch wenn diese Phase von vielen Teammitgliedern der internen Start-ups häufig wehmütig betrachtet wird, ist sie notwendig, um eine radikale Innovation wachsen zu lassen – so sich die Radikalität wie gerade erwähnt mit den Unternehmensstrukturen verträgt. Jedes Pionierprojekt kommt an den Punkt, an dem Strukturen eingezogen werden. Mit der Wiedereingliederung wird das radikale Innovationsprojekt zu einem normalen Innovationsprojekt. Trotzdem ist dies eine sensible Phase. Sie entscheidet über den langfristigen Erfolg einer Innovation. Kurzfristig bringt die Integration fast immer Vorteile, wie das Beispiel von MySpace zeigt.

Beispiel Der Einstieg von Rupert Murdoch in das junge soziale Netzwerk MySpace begann hoffnungsvoll: Die monatlichen Werbeumsätze stiegen von einer Million auf über 50 Millionen Dollar im Monat. Murdoch prognostizierte, dass die Umsätze Ende 2008 auf knapp eine Milliarde Dollar anwachsen würden. Doch der kurzfristige Erfolg war mehr als das junge Unternehmen verkraften konnte: Die User des Netzwerks flohen in Scharen, als sie von Werbeanzeigen überhäuft wurden. Mitte 2011 meldete das Management,

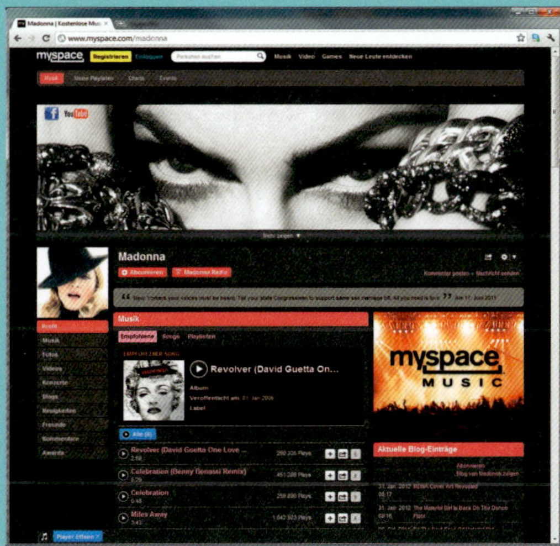

dass es für das laufende Fiskaljahr einen Verlust von 500 Millionen Dollar erwarte. »Jahre von Managementfehlern, das Aufkommen von Facebook und Kämpfe zwischen der NewsCorp-Hierarchie und den Managern von MySpace ließen Mr. Murdochs Traum eines dominanten globalen sozialen Netzwerks im Staub versinken«, schreibt die Financial Times.

Die wichtigsten Fragen in der Stufe der Eingliederung sind:

- Wie sehr muss sich die Innovation in den nächsten Jahren verändern? Große Unternehmen sind langsamer als Start-ups, mit der Wendigkeit schneller Branchen (wie beispielsweise der Internetbranche) kommen sie nur selten mit. Wenn die

Geschwindigkeit der Branche, in der sich das Start-up bewegt, deutlich schneller ist als die des Unternehmens, spricht vieles dafür, die radikale Innovation langfristig als eigenständiges Unternehmen am Markt zu lassen.

- Wie sehr können sich das Management des Start-ups und das Management des Konzerns auf eine langfristige Wachstumsstrategie einigen? Wenn das Management des Start-ups aus dem Projekt aussteigt, verliert die radikale Innovation möglicherweise den Gründergeist. Wird er noch benötigt oder befindet sich das Start-up bereits in einer stabilen Phase?

Es gibt durchaus Alternativen zur Eingliederung: Konzerne können wachsen, ohne die von ihnen gegründeten Start-ups wieder einzugliedern. So wie NESPRESSO eine eigenständige Einheit blieb, können auch Start-ups radikaler Innovationen eigenständig bleiben und in dieser Form dem Mutterkonzernen mehr nützen, als wenn sie eingegliedert würden. Zukunftsforscher und Studien sagen voraus: Unternehmen, die radikale Innovationen vorantreiben wollen, sehen in Zukunft eher aus wie Planetensysteme als wie eine homogene Einheit.

Fazit: Das [radikal denkende] Unternehmen der Zukunft

6

Ich hoffe, dass ich Ihnen in diesem Buch vermitteln konnte, dass radikale Innovation nichts ist, was nicht zu bewältigen ware. Wir haben in zahlreichen Entwicklungsprojekten die Erfahrung gemacht, dass für Unternehmen – wenn sie einmal den Kurs der radikalen Innovation eingeschlagen haben – ein Damm gebrochen ist. Anders denken ist möglich, anders handeln keine Hexerei. Es ist einfach nur anders. Wenn Sie den Kurs der radikalen Innovation einschlagen, werden Sie vor allem eines merken: Ihr Unternehmen verändert sich. Allerdings nicht in negativer Form. Es ist eher mit einem Klavierspieler vergleichbar, der zu dem, was er bereits kann, neue Akkorde hinzulernt.

Was Sie bisher erfolgreich gemacht hat, werden Sie nicht verlieren. Auch in fünfzig Jahren wird es noch feste und klar definierte Prozesse geben, operativ ausgerichtete Unternehmen, die mit klassischen Unternehmensstrukturen arbeiten. Auch wird es weiter Innovation inkrementeller Natur geben. Möglicherweise sind das genau jene Unternehmen, die heute durch Pioniere entwickelt werden: Denn wenn Sie heute etwas radikal Neues erfinden, brauchen Sie morgen jemanden, der diese Innovation ständig weiterentwickelt, anpasst und dafür sorgt, dass sich die Qualität stets weiter verbessert. Das, was heute ein Projekt wilder Pioniere ist, wird übermorgen ein standardisierter Ablaufprozess sein. Das, was heute mit Leidenschaft und Energie neu entwickelt wird, wird spätestens übermorgen mit der gleichen Routine vorangetrieben werden, mit der Sie heute einen Großteil Ihrer Routineaktivitäten erledigen.

Wenn Sie für sich und Ihr Unternehmen beschließen, das Abenteuer radikaler Innovation zu wagen, verlieren Sie nicht. Sie gewinnen. Sie gewinnen die Fähigkeit, wirkliche Pionierarbeit zu leisten. Durch die Verknüpfung einer Start-up-Kultur mit den Fähigkeiten einer Konzernstruktur bekommen Sie das, was man den »First Movers Advantage« nennt: den Vorteil der Ersten im Markt. Sie sind das Original, nicht die Kopie. Originale haben es nur dann schwer, wenn sie es nicht verstehen, ihre Pionierarbeit durch erfahrene und professionelle Strukturen umzusetzen. Für Sie besteht kein Grund, der Zweite oder Dritte im Markt zu sein, wenn Sie die Vorteile eines schnellen Pioniers erhalten können. Ihr einziges Risiko: Sie werden anschließend im Unternehmen möglicherweise Mitarbeiter haben, die sich in der Routine langweilen. Wieder einmal stellt sich die Frage: Ist dies Risiko oder Chance? Innovation hört nie auf. Je mehr Mitarbeiter mit Erfahrung Sie in radikalen Innovationsprojekten haben, die den Geist eines internen Start-ups miterlebt haben, desto besser und schneller werden Sie künftig Innovationen entwickeln und auf den Markt bringen können.

Radikale Innovation wird Ihr Unternehmen verändern. Vielleicht sieht es heute aus wie ein kompakter Planet. Alles, was sich rund um Ihr Unternehmen entwickelt, findet auf dem Planeten statt. Das muss nicht so bleiben: Möglicherweise bekommt Ihr Planet Monde – ausgereifte Unternehmen, die als interne Start-ups begonnen haben und die Sie nach reiflicher Überlegung ausgegliedert haben. Und es wird sich rund um Ihren Planeten und die

Monde ein System von Satelliten etablieren: neue Start-ups in Form experimenteller Unternehmen, die es entweder irgendwann schaffen, in den Heimatplaneten oder einen der Monde integriert zu werden – oder die im Weltraum verschwinden, weil sie gescheitert sind. Unternehmensstrukturen sind im Wandel. In unserer täglichen Arbeit mit dem Top-Management großer Konzerne wird immer häufiger diskutiert, was noch vor Jahren eher die Ausnahme war: Das Unternehmen so zu verändern, dass es Innovation schneller umsetzen kann und weitreichendere Innovation möglich wird. Für Führungskräfte – vom Top-Management bis zum Teamleiter – bedeutet das ein Umdenken:

- Fordern Sie nichts Geringeres als eine Marktrevolution. Verlangen Sie von Ihren Mitarbeitern nicht, bestehende Produkte um ein paar hübsche Ecken und Kanten zu erweitern. Verlangen Sie Lösungen, die Märkte komplett verändern, bestehende Prozesse radikal auf den Kopf stellen oder die Kosten nicht um fünf, sondern gleich um 50 Prozent senken.
- Sehen Sie Ihre Rolle als Katalysator für neues Denken und neue Ideen – und nicht als Verwalter des Status quo. Radikale Innovation ist nicht für den Preis einer einfachen Budgetfreigabe zu haben. Sie erfordert persönliches Engagement und braucht Ihre Leidenschaft.
- Die Beschleunigung von Innovationsprozessen ist ein ständiger Kampf gegen den Stillstand. Sie werden immer wieder an einen Punkt kommen, an dem Projekte zu scheitern drohen

oder die Anziehungskraft des Gewohnten eine radikale Idee auf bekanntes Terrain zurückzieht. Setzen Sie den kreativen Prozess immer wieder in Gang: durch Ihre Motivation, durch eine Auffrischung des Inspirationsnetzwerks, durch neue ungewöhnliche Strukturen oder durch neue Mitarbeiter.

Sorgen Sie dafür, dass schnelles kreatives Denken und Handeln möglich bleibt und dass Ihre Prozesse nicht zum Hindernis bei der Innovation werden. Gehen Sie intelligente Risiken ein und verhindern Sie so Zeitverluste durch ein dauerhaftes Entscheidungsvakuum und ein ständiges Warten auf die nächste Analyse. Sorgen Sie dafür, dass Ihr Unternehmen zu einem System kreativer Satelliten wird. Und achten Sie darauf, Mitarbeiter mit hohen Ansprüchen an sich selbst einzustellen, die Dinge wirklich verändern wollen und über einen breiten Erfahrungshorizont aus unterschiedlichen Tätigkeiten verfügen.

Sie werden häufig scheitern. Viel häufiger aber werden Sie erleben, dass andere Firmen in Ihrer Branche bewundernd auf Ihr Unternehmen blicken. Während diese versuchen, Sie zu kopieren, sind Sie schon einen Schritt weiter. Sie werden einen Imagegewinn spüren, der dafür sorgt, dass Sie die innovativsten Köpfe Ihrer Branche anziehen, die Spaß daran haben, gemeinsam mit Ihnen Neues zu entwickeln. Wenn Sie radikale Innovation als Unternehmensziel verankern, verändert es Sie, Ihre Mitarbeiter und Ihr Unternehmen. Und Sie werden Wachstumspotenziale erschließen, die Sie heute nicht einmal ansatzweise für möglich halten.

Vielleicht werden Sie eines Tages auf Ihr Arbeitsleben zurückblicken, wie es einst Thomas Edison tat. Am Ende seiner Karriere sagte er einen bemerkenswerten Satz: »Ich habe nicht eine Sekunde meines Lebens gearbeitet. Es war alles Spaß.« Neben allen Aussichten auf neue Produkte, neue Geschäftsmodelle, neue Märkte und dem damit verbundenen Wachstum wünsche ich Ihnen vor allem: Haben Sie bei allen Innovationsprojekten, die Sie vorantreiben, viel Spaß!

Literatur

Bains, William: Leadership and Innovation. How consensus management blocks genuine innovation. In: Bioscience Hypotheses 2009 (2(5)), S. 277–281.

Henry, Jane (Hg.): Creative Management and Development. The Open University Business School. 3. Auflage, SAGE Publications Ltd., London 2006.

Junarsin, Eddy: Managing Discontinous Innovation. In: International Management Review 2009 (5(1)), S. 10–18.

Kirton, Michael J.: Adaptors and Innovators. Why new ideas get killed. In: Jane Henry (Hg.): Creative Management and Development. 3. Auflage, SAGE Publications Ltd., London 2006, S. 109–119.

Leifer, Richard; McDermott, Christopher M.; O'Connor, Gina Colarelli; Peters, Lois S.; Rice, Mark; Veryzer, Jr Robert W.: Radical Innovation. How Mature Companies Can Outsmart Upstarts. Harvard Business School Press Books, Boston 2000.

Lewis, M. W; Welsh, A. W.; Dehler, G. E.; Green, S. G.: Product development tensions. Exploring contrasting project management styles. In: Academy of Management Journal 2002 (45 (3)), S. 546–564.

Parker, Sharon K.; Turner, Nick; Williams, Helen M.: Modeling the Antecedents of Proactive Behavior at Work. In: Journal of Applied Psychology 2006 (91(3)), S. 636–652.

Rice, Mark P.; O'Connor, Gina Colarelli; Peters, Lois S.; Morone, Joseph G.: Managing discontinuous innovation. In: Research Technology Management 1998 (May/June), S. 52–59.

Robinson, Alan G.; Stern, Sam: Corporate Creativity. How Innovation and Improvement Actually Happens. Berrett-Koehler Publishers Inc., San Francisco 1997.

von Stamm, Bettina: Managing Innovation, Design and Creativity. In: Hoboken, N. J.: John Wiley & Sons, Ltd. 2005

Unsworth, Kerrie L.; Clegg, Chris W.: Why do employees undertake creative action? In: Journal of Occupational and Organizational Psychology 2010 (83), S. 77–99.

Internetquellen

Interview mit Mike Lazardis, Gründer von Research in Motion: http://forums.crackberry.com/news-rumors-f40/interview-rim-founder-mike-lazaridis-28084

Vortrag von Bill Gates auf dem Microsoft CEO Summit in Redmond (US-Bundesstaat Washington) über die Think Week: *http://www.youtube.com/watch?v=No5HkGDYvx0*

Artikel über Marissa Mayer, Google

http://www.businessweek.com/magazine/content/05_40/b3953093.htm

http://bits.blogs.nytimes.com/2010/10/12/google-search-executive-marissa-mayer-takes-a-new-job/

Interview mit Richard Smith, Mitbegründer von SynCardia

http://www.3bnexus.com/clip/c2lkPTcmY2xpcF9zZWxlY3Q9MTExOTk2MyZpbl9jYXQ9c2VjdG9y

Bildnachweise

S. 5, Hunde. photocase.de © Sophie Stolzenburg. Foto. istockphoto.com © nicholas belton.

S. 8, Scheibe. photocase.de © aussi97.

S. 11, fotolia.com © get4net

S. 15, Mit freundlicher Genehmigung. © Nintendo.

S. 17, istockphoto.com © Urs Siedentop.

S. 18, fotolia.com © Gordon Bussiek.

S. 25, Foto. istockphoto.com © VikaValter. Dinosaurier. istockphoto.com © 4x6.

S. 28, Hintergrund: fotolia.com © belleepok, Buchstaben: fotolia.com © hs-creator.

S. 39, photocase.de © Bastografie.

S. 40, Mit freundlicher Genehmigung. © NESPRESSO.

S. 43, © Ronen Bitan.

S. 44, fotolia.com © Katrina Brown

S. 46, Mit freundlicher Genehmigung. © Barcoo.

S. 47, fotolia.com © Sergey.

S. 50, istockphoto.com © Ivan Burmistrov.

S. 52, istockphoto.com © foodandwine-photography.

S. 55, istockphoto.com © Julián Rovagnati.

S. 59, fotolia.com © jStock.

S. 60, Mit freundlicher Genehmigung. © Amazon.

S. 62, fotolia.com © Daniel Schmid.

S. 71, Foto. istockphoto.com © nicholas belton. Hand mit Baum. istockphoto.com © Antagain.

S. 76, istockphoto.com © schulzie.

S. 78, fotolia.com © Visty.

S. 84, Mit freundlicher Genehmigung. © Samsung.

S. 87, Marissa Mayer, Quelle: Google.

S. 89, istockphoto.com © mattjeacock

S. 94, istockphoto.com © Gimmerton

S. 99, Mit freundlicher Genehmigung. © Microsoft.

S. 102, Mit freudlicher Genehmigung. © SynCardia Systems, Inc.

S. 105, photocase.de © day-walker.

S. 116, photocase.de © luxuz::.

S. 117, Mit freundlicher Genehmigung. © Southwest Airlines.

S. 120, © Paul Schweidler, Sebastian Schröder.

S. 126, Mit freundlicher Genehmigung. © mobilefirst UG.

S. 131, Mit freundlicher Genehmigung. © Reicofil.

S. 135, Foto. fotolia.com © Aintschie. Pflanze rechts. fotolia.com © Barmaliejus. Krokus. photocase.de © manun.

S. 145, photocase.de © cinematc.

S. 149, fotolia.com © Michael Tieck.

S. 156, Scrennshot. www.runtalya.de.

S. 158, fotolia.com © Christian Nitz.

S. 161, Mit freundlicher Genehmigung © Paravan.

S. 170, fotolia.com © apfelweile.

S. 172, istockphoto.com © james steidl.

S. 173, Screenshot. www.holidaycheck.de.

S. 179 Mit freundlicher Genehmigung. © Gorilla-Glas.

S. 186, fotolia.com © C.Berlin.

S. 191, fotolia.com © FikMik.

S. 192, Mit freundlicher Genehmigung von DHL. © DHL.

S. 206, Mit freundlicher Genehmigung. © 3M.

S. 218, Mit freundlicher Genehmigung. © Hobart.

S. 229, istockphoto.com © Omer Yurdakul Gundogdu.

S. 243, Mit freundlicher Genehmigung. © Bionade.

S. 245, Screenshot. www.myspace.com/madonna.

S. 247, istockphoto.com © Olena Chernenko.

Erfolgsfaktor Innovationskultur

Jens-Uwe Meyer
Erfolgsfaktor Innovationskultur
Das Innovationsmanagement der Zukunft –
Corporate Creativity Studie 2011

206 Seiten; 2011; 297 Euro
ISBN 978-3-86980-145-2; Art-Nr.: 871

In der Welt der Unternehmensbroschüren und Jahresberichte klingt es, als seien Unternehmen die kreativen Pioniere der Weltwirtschaft. Automobilunternehmen verstehen sich „der Tradition folgend als Innovationstreiber der Branche“, Banken betonen „Neues offensiv“ angehen zu wollen und „Herkömmliches infrage zu stellen“, Konsumgüterproduzenten betonen, dass es „immer die Menschen sind, die den Unterschied machen“.

Die Ergebnisse der Studie „Erfolgsfaktor Innovationskultur“ hingegen klingen deutlich nüchterner. Knapp 200 Ideen-und Innovationsmanager, Verantwortliche aus den Bereichen Business Development und Produktentwicklung sowie zahlreiche Vorstände und Geschäftsführer deutscher Unternehmen wurden zur Innovationskultur jenseits der Hochglanzbroschüren befragt. Ergebnis: Ausgerechnet bei Innovation sind Unternehmen äußerst uninnovativ. Und das klassische prozessorientierte Innovationsmanagement ist nur für einen kleinen Teil inkrementeller Innovationen wirklich geeignet. Ansonsten behindert es mehr als es nützt.

Nur in jedem Dritten Unternehmen ist Innovation wirklich Teil des täglichen Tuns. 70 Prozent der Unternehmen belassen es bei Ankündigungen bzw. gehen Innovationen halbherzig nach. Mehr als 80 Prozent lähmen sich selbst durch lange Entscheidungswege, jeder dritte Befragte attestiert sogar, dass sich Entscheidungen „ewig in die Länge“ ziehen würden. Eine wirkliche Macherkultur, also ein Umfeld, das kreativen Köpfen zwar Ziele und Rahmenbedingungen vorgibt, sie aber ansonsten machen lässt, hat nicht einmal jedes sechste Unternehmen etabliert. Und in drei von vier Unternehmen wird Innovation nur so lange gefördert wie es nichts kostet.

Diese Studie zeigt auf Basis wissenschaftlich fundierter Erkenntnisse, wie das Innovationsmanagement der Zukunft aussehen muss: Weg von lähmenden Prozessen, hin zu einem Fokus auf die Innovationskultur des Unternehmens. Die Ergebnisse werden durch Fallstudien international erfolgreicher kreativer Konzerne wie Samsung, Intel und Microsoft ergänzt. Ein Studie für Praktiker, die das Innovationspotenzial ihres Unternehmens voll nutzen wollen.

www.BusinessVillage.de